黄艳　总主编

变化环境下流域超标准洪水综合应对关键技术研究丛书

超标准洪水
灾害实时动态评估技术
研究与应用

■ 任明磊 等　著

长江出版社
CHANGJIANG PRESS

图书在版编目（CIP）数据

超标准洪水灾害实时动态评估技术研究与应用 / 任明磊等著 .
一武汉 ： 长江出版社，2021.12
（变化环境下流域超标准洪水综合应对关键技术研究丛书）
ISBN 978-7-5492-8164-0

Ⅰ．①超… Ⅱ．①任… Ⅲ．①洪水－水灾－评估方法－研究 Ⅳ．① P426.616

中国版本图书馆 CIP 数据核字 (2022) 第 017777 号

超标准洪水灾害实时动态评估技术研究与应用

CHAOBIAOZHUNHONGSHUIZAIHAISHISHIDONGTAIPINGGUJISHUYANJIUYUYINGYONG

任明磊等　著

选题策划： 赵冕　郭利娜
责任编辑： 闫彬
装帧设计： 刘斯佳　汪雪
出版发行： 长江出版社
地　　址： 武汉市江岸区解放大道 1863 号
邮　　编： 430010
网　　址： http://www.cjpress.com.cn
电　　话： 027-82926557（总编室）
　　　　　 027-82926806（市场营销部）
经　　销： 各地新华书店
印　　刷： 湖北金港彩印有限公司
规　　格： 787mm×1092mm
开　　本： 16
印　　张： 11.75
彩　　页： 4
字　　数： 290 千字
版　　次： 2021 年 12 月第 1 版
印　　次： 2023 年 7 月第 1 次
书　　号： ISBN 978-7-5492-8164-0
定　　价： 108.00 元

流域超标准洪水是指按流域防洪工程设计标准调度后,主要控制站点水位或流量仍超过防洪标准(保证水位或安全泄量)的洪水(或风暴潮)。

流域超标准洪水具有降雨范围广、强度大、历时长、累计雨量大等雨情特点,空间遭遇恶劣、洪水峰高量大、高水位历时长等水情特点,以及受灾范围广、灾害损失大、工程水毁严重、社会影响大等灾情特点,始终是我国灾害防御的重点和难点。在全球气候变暖背景下,极端降水事件时空格局及水循环发生了变异,暴雨频次、强度、历时和范围显著增加,水文节律非平稳性加剧,导致特大洪涝灾害的发生概率进一步增大;流域防洪体系的完善虽然增强了防御洪水的能力,但流域超标准洪水的破坏力已超出工程体系常规防御能力,防洪调度决策情势复杂且协调难度极大,若处置不当,流域将面临巨大的洪灾风险和经济损失。因此,基于底线思维、极限思维,深入研究流域超标准洪水综合应对关键科学问题和重大技术难题,对于保障国家水安全、支撑经济社会可持续发展具有重要的战略意义和科学价值。

2018 年 12 月,长江勘测规划设计研究有限责任公司联合河海大学、长江水利委员会水文局、中国水利水电科学研究院、中水淮河规划设计有限责任公司、武汉大学、长江水利委员会长江科学院、中水东北勘测设计研究有限责任公司、武汉区域气候中心、深圳市腾讯计算机系统有限公司等 10 家产、学、研、用单位,依托国家重点研发计划项目"变化环境下流域超标准洪水及其综合应对关键技术研究与示范"(项目编号:2018YFC1508000),围绕变化环境下流域水文气象极端事件演变规律及超标准洪水致灾机理、高洪监测与精细预报预警、灾害实时动态评估技术研究与应用、综合应对关键技术、调度决策支持系统研究及应用等方面开展了全面系统的科技攻关,形成了流域超标准洪水"立体监测—预报预警—灾害评估—风险调控—应急处置—决策支持"全链条综合应对技术体系和成套解决方案,相关成果在长江和淮河沂沭泗流域2020年、嫩江2021年流域性大洪水应对中发挥了重要作用,防洪减灾效益显著。原创性成果主要包括:揭示了气候变化和工程建设运用等人类活动对极端洪水的影响规律,阐明了流域超标准洪水致灾机理与损失突变和风险传递的规律,提出了综合考虑防洪工程体系防御能力及风险程度的流域超标准洪水等级划分方法,破解了流域超标准洪水演变规律与致灾机理难题,完善了融合韧性理念的超标准洪水灾害评估方法,构建了流域超标准洪水风险管理理论体系;提出了流域超标准洪水天空地水一体化应急监测与洪灾智能识别技术,研发了耦合气象—水文—水动力—工程调度的流域超标准洪水精细预报模型,提出了长—中—短期相结合的多层次分级预警指标体系,建立了多尺度融合的超标准洪水灾害实时动态评估模型,提高了超标准洪水监测—预报—预警—评估的时效性和准确性;构建了基于知识图谱的工程调度效果与风险互馈调控模型,研发了基于位置服务技术的人群避险转移辅助平台,提出了流域超标准洪水防御等级划分方法,提出了堤防、水库、蓄滞洪区等不同防洪工程超标准运用方式,形成了流域超标准洪水防御预案编制技术标准;研发了多场景协同、全业务流程敏捷响应技术及超标准洪水模拟发生器,构建了流域超标准洪水调度决策支持系统。

本套丛书是以上科研成果的总结,从流域超标准洪水规律认知、技术研发、策略研究、集成示范几个方面进行编制,以便读者更加深入地了解相关技术及其应用环节。本套丛书的出版恰逢其时,希望能为流域超标准洪水综合应对提供强有力的支撑,并期望研究成果在生产实践中得以应用和推广。

2022 年 5 月

前言

　　超标准洪水灾害评估是进行标准洪水风险调控、灾害综合应对的重要前提和基础。目前洪水灾害评估大多局限在局部区域或范围的特定洪水事件静态经济损失后果分析上，评估模型在时效性、准确性、动态性等方面难以满足实际应用需求，主要表现在以下几个方面。

　　一是超标准洪水灾害监测方面。目前，国内外洪水灾害监测以卫星遥感监测为主，缺乏多平台协同监测研究。卫星遥感无法实现洪水灾害实时监测，而无人机因其优良的机动性、灵活性、安全性以及高分辨率的特点，在灾害监测中应用越来越广泛。但针对突发性强、危害性大、时空分布广的超标准洪水，目前尚未建有完整的天空地多平台协同监测体系，在监测指标提取的智能化、实时性等方面亦亟待提高。

　　二是超标准洪水模拟计算模型方面。近年来，一批商业化的洪水模拟模型，如MIKE、Delft3D等在众多流域的洪水模拟计算中得以应用。国内科研院所研发的洪水分析系列软件具备良好的模拟流域不同量级洪水的演进以及科学可视化展示的能力。但由于超标准洪水危害性大、影响范围广，多防洪措施联合运用场景洪水模拟计算及大范围模拟计算引起的高计算资源消耗是研究的难点和薄弱环节，需要进一步研究和探索。

　　三是在超标准洪水灾害损失评估方面。目前，大部分研究均聚焦于洪水灾害的直接经济损失评估。超标准洪水影响范围广、灾害后果严重，评估的计算量大且对评估的时效性要求较高，目前针对超标准洪水特点的不同空间尺度评估方法的划分和深入研究尚较为缺乏。另外，超标准洪水的间接损失评估以及包括社会影响和生态环境影响等在内的非经济影响评估方面的研究成果较少，不能实现对超标准洪水整体影响的总体把握，难以全面发挥洪灾评估对超标准洪水应对决策的支撑作用。

　　四是在模型可视化展示方面。洪水灾害评估成果的展示目前仍以传统的二维的洪水风险图为主要表达手段。缺少面向（超标准）洪水演变全过程的时空态势图谱技术体系，可视化能力不能满足流域超标准洪水灾害动态评估与风险调控要求，尤其是超标准洪水情况下，防洪形势分析、洪水灾害动态评估需要从简单的二维平面表示提升到三维、四维实时动态综合展示。

针对以上问题，本书以超标准洪水灾害动态评估为研究内容，构建了不同空间尺度超标准洪水灾害天空地多平台协同监测体系与指标智能识别提取技术，实现了大范围超标准洪水灾害实时监测及指标快速提取；将韧性理念纳入超标准洪水灾害评估，完善了洪水风险评估理论体系，发展了适用于多种评估目标、不同空间尺度的超标准洪水灾害评估方法；构建了局部、区域、流域三种空间尺度的超标准洪水灾害评估指标体系和实时动态定量评估模型，创新实现了超标准洪水灾害灾前、灾中、灾后全过程的实时动态快速定量评估和实时校正，提高了流域超标准洪水灾害评估的时效性和准确性；构建了面向流域超标准洪水演变全过程的时空态势图谱，实现了"图—数—模"一体化洪水灾害动态评估分析可视化。本书研究成果在沂河分沂入沭以北应急处理区、嫩江胖头泡蓄滞洪区、长江干流川江河段、淮河上中游等流域的超标准洪水灾害评估中得到了应用，具有良好的推广应用前景。

本书是在"十三五"国家重点研发计划项目"变化环境下流域超标准洪水及其综合应对关键技术研究与示范"之课题"流域超标准洪水灾害动态评估"的基础上完成的，系合作研究成果。其中，第1章由任明磊执笔，第2章由马力、王成执笔，第3章由俞茜、王艳艳、李娜执笔，第4章由姜晓明、张洪斌执笔，第5章由赵丽平、康亚静执笔，第6章由马瑞、杨坤执笔，第7章由任明磊、姜晓明、赵丽平、俞茜、王成、杨坤执笔，第8章由任明磊执笔。任明磊负责全书的统稿。在研究过程中得到了黄艳、李昌文等教授的直接指导和帮助，在此一并表示衷心的感谢！

由于作者水平有限，书中定有许多尚待完善之处，恳请同行专家提出宝贵的意见和建议！

作　者
2022 年 5 月

目 录

第1章 绪 论

1.1 研究背景与意义

1.1.1 研究背景

洪水是世界上最严重的自然灾害之一,影响范围广,可能造成巨大的经济损失和人员伤亡。我国大部分地区人口密集、社会经济发达,一旦发生洪水,将对社会经济、人口等造成巨大影响。以 2020 年为例,全国 28 个省(自治区、直辖市)发生了不同程度的洪水灾害,涉及洪水受灾人口、死亡失踪人口、农作物受灾面积、倒塌房屋等各项直接经济损失和人员伤亡,其中安徽、四川、江西、湖北 4 个省洪水灾害较重,直接经济损失占全国的 61% 以上。2020年全国洪水灾害损失分布见图 1.1-1。

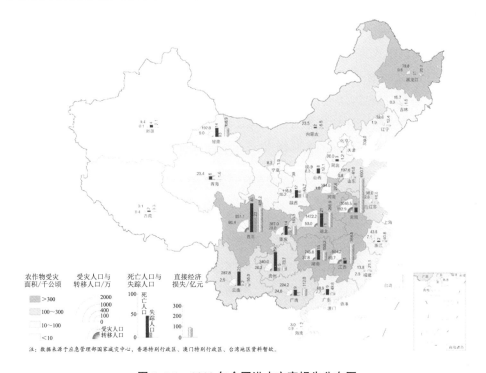

图 1.1-1 2020 年全国洪水灾害损失分布图

近年来,变化环境下极端暴雨洪水事件频发,流域、区域、局部超标准洪水时有发生,如2021年7月郑州特大暴雨洪水、2020年7月淮河流域暴雨洪水等。由于超标准洪水的淹没范围更广、危险性更高,可能受影响的承灾体范围和类别也更加广泛,其灾害严重程度、风险与标准内洪水有本质的区别(图1.1-2)。

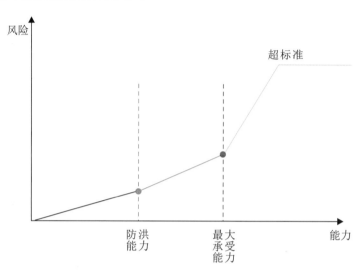

图 1.1-2 超标准洪水灾害风险变化图

传统的洪水灾害评估大多是在灾害发生后由地方进行数据统计和上报,缺乏洪水事件发生前的预评估、洪水灾害发生过程中的实时动态评估。原有的评估方法和手段也不能适应超标准洪水淹没范围广、危险性强、对各类承灾体影响后果严重等方面的特点。

因此,亟须在洪水灾害发生过程中进行超标准洪水风险调控,并采取降低、减免灾害损失的综合应急措施。超标准洪水灾害的实时动态评估可为决策者提供调度运用情况下洪水影响、灾害损失的实时信息,是进行工程调度、风险调控、采取措施的重要基础与技术手段。但是,目前超标准洪水灾害评估技术方法在时效性、准确性等方面难以有效支撑流域超标准洪水调控、综合应急管理等方面的实际需求。

1.1.2 研究意义

作为工程调度、应急预案与措施决策的重要依据与基础支撑性工作,流域、区域性超标准洪水灾害评估可为分蓄洪区启用、水库工程调度提供决策参考,局部超标准洪水灾害评估可为避险转移安置等方案的制定提供依据。因此,需要针对超标准洪水特性,依据流域、区域、局部不同空间尺度、数据详简程度以及应用场景等,一方面考虑全面的防洪措施联合运用场景,另一方面考虑大范围模拟计算需要的高计算资源消耗等问题,开展流域超标准洪水灾害实时动态快速评估研究。对提高流域超标准洪水评估的精度、速度,解决超标准洪水灾害评估的时效性、准确性、实用性等问题,具有重要的理论和现实意义。

1.2 研究思路及关键科学技术问题

1.2.1 研究思路

本研究以不同空间尺度超标准洪水灾害评估理论方法为基础,通过构建不同空间尺度超标准洪水天空地协同灾害监测体系,研究超标准洪水灾害监测指标智能提取方法,不同空间尺度多防洪工程措施运用情景下超标准洪水影响模拟计算方法等关键技术,研发不同空间尺度超标准洪水灾害实时动态快速定量评估模型,并建立面向流域超标准洪水演变全过程的时空态势图谱技术体系,实现洪水灾害动态评估分析可视化展示。整体研究思路框架见图 1.2-1。

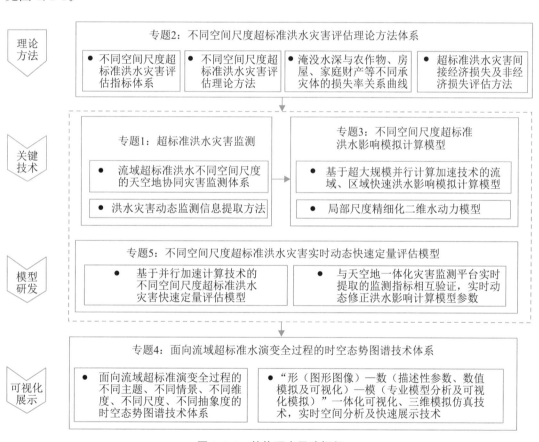

图 1.2-1　整体研究思路框架

1.2.2 关键科学技术问题

（1）关键科学问题

本研究的关键科学问题是不同空间尺度超标准洪水灾害评估理论及方法。主要难点是

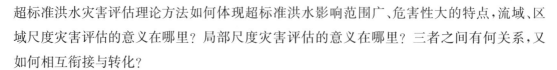

超标准洪水灾害评估理论方法如何体现超标准洪水影响范围广、危害性大的特点，流域、区域尺度灾害评估的意义在哪里？局部尺度灾害评估的意义在哪里？三者之间有何关系，又如何相互衔接与转化？

核心内容是通过研究提出超标准洪水流域、区域、局部3种空间尺度洪水灾害评估理论与方法，实现不同空间尺度灾害评估：①流域尺度评估主要以流域为评估对象，以宏观的角度快速地、整体地评估超标准洪水灾害损失；②区域尺度评估是针对资料相对较少且范围较大的区域，较快地评估淹没区域内的洪水灾害损失；③局部尺度评估则是针对范围较小的局部区域，分析超标准洪灾的影响因素，并进行精细灾害评估。

（2）关键技术问题

本研究主要有以下3个关键技术问题：

1）不同空间尺度超标准洪水灾害监测技术体系的构建，以及灾害信息实时智能提取技术。其难点是如何解决现有卫星、遥感、地面终端等监测平台之间孤立、封闭、自治的问题；如何建立多平台之间的有效协同机制；如何解决现有灾害监测数据收集不及时、信息覆盖不全面的问题。

其核心内容是构建不同空间尺度超标准洪水天空地协同灾害监测体系，提出天空地协同灾害监测方案；研究不同监测对象监测指标智能提取方法，实现超标准洪水灾害实时动态监测信息提取。

2）不同空间尺度超标准洪水灾害实时动态评估技术。其难点是如何实现灾害评估的实时性，进而解决调度决策、风险调控、应急预案制定等的时效性问题；如何实现灾害评估的动态性，模拟计算超标准洪水演进淹没动态变化过程，进而为工程调度决策、风险调控提供动态变化灾害损失实时信息。

其核心内容是基于实时降雨、洪水信息，研发基于并行加速计算技术的不同空间尺度超标准洪水灾害快速定量评估模型，实现淹没范围、淹没水深、淹没历时等主要洪水影响要素以及农作物、家庭财产、工业资产、商业资产等经济损失的实时动态快速模拟计算；并通过与天空地一体化灾害监测平台实时提取的监测指标相互验证，实时动态修正洪水影响计算模型参数。

3）面向超标准洪水演变全过程的时空态势图谱技术。其难点是如何构建超标准洪水演变过程中涉及的不同主题、不同情景、不同维度、不同尺度的时空态势图谱，以期完整全面地展现防洪形势、灾害损失等可为实时调度提供参考依据的关键信息；如何将水利专业模型模拟的数值结果进行仿真、空间分析及快速可视化。

其核心内容是研究"形（图形图像）—数（数值模拟）—模（专业模型）"一体化的时空态势图谱技术。利用三维模拟仿真技术、空间分析及快速可视化展示技术，实现流域（或河段）超标准洪水防洪形势分析、洪水灾害损失等的实时可视化展示及交互式推演。

1.3 国内外研究现状及发展趋势

1.3.1 超标准洪水灾害监测

洪水灾害的发生一般具有突发性强、危害性大、时空分布广的特点,要进行洪水灾害的监测、评估和救灾及安排灾后的重建需要对洪水灾害相关信息进行及时、准确、可靠的采集和反馈。

近年来,卫星遥感、无人机航空遥感等非接触式监测技术发展迅猛,在各类灾害监测中得到了广泛应用。王伶俐等利用多源卫星遥感数据,在无水文观测资料的情况下对 2013 年黑龙江大洪水汛情和灾情进行了持续动态监测和分析评估。吴玮等结合多时相高分四号卫星与高分一号卫星数据,开展了溃决型洪水灾害监测评估研究。赵阳等对卫星遥感平台在洪灾遥感监测中的研究进行了归纳分析和提炼。Sandro Martinis 等综合利用 MODIS 和 TerraSAR-X 卫星数据设计开发了洪灾自动监测系统,并分别在当年俄罗斯和阿尔巴尼亚发生的洪水中进行了监测试验,取得了近实时的监测成果。Alberto Refice 等基于 COSMO-SkyMed 卫星数据采用 InSAR 技术进行了洪灾监测研究,提高了洪灾监测的空间精度。在无人机遥感平台方面,唐雅玲利用无人机倾斜摄影技术,探讨了其在城市雨洪风险评估中的应用。刘对萍等在四川美姑河牛坝地区泥石流地质灾害点,运用无人机遥感技术开展了泥石流灾害调查研究。Mohamed Abdelkader 等对洪灾监测无人机的快速路径规划进行了研究,提高了无人机监测的时效性。

通过对现有的卫星、无人机及地面不同监测平台的技术特点及难点进行梳理和研究,针对超标准洪水监测需求,统筹规划天空地多平台对地观测资源,构建面向超标准洪水天空地一体化协同监测体系,并在此基础上提出超标准洪水监测指标综合监测方案,支持洪灾多种类监测指标,以快速、准确、灵活、可靠地直接支持灾害应急部门,全方位满足洪灾应急指挥调度需求,实现天空地多平台对地观测资源效益最大限度的发挥。

1.3.2 超标准洪水灾害评估理论及方法

1.3.2.1 洪水灾害评估理论

洪水灾害具有自然和社会双重属性。洪水是超常的降雨或风暴所致,是气象、水文、地理环境、水动力特性相互作用的结果,是一种自然现象,具有自然属性。而人类活动尤其是大规模的治理活动往往对洪水的时空分布特征产生显著性的影响,超标准洪水灾害是超出工程控制能力的洪水作用于人类社会而造成的损害。洪水灾害是以人类社会为载体而体现出来的,因此洪水灾害又具有社会属性。建立与经济社会发展需求相适应的防洪减灾体系,单纯依赖自然科学是不够的,还需要同时重视社会科学的研究。只有既考虑洪水灾害的自然属性,又重视洪水灾害的社会属性,才能全面、科学地做好防洪减灾工作。

目前,洪水灾害理论主要包括两类:一是区域灾害系统理论,从孕灾环境、致灾因子、承灾体以及防灾力等方面分析和评估洪水灾害;二是基于洪水风险理论,如风险三角形理论,考虑危险性、暴露度和脆弱性3个方面,抑或是将洪水风险定义为洪水事件发生的可能性及其可能产生的不利影响(后果)的综合度量。

(1)区域灾害系统理论

区域灾害系统理论是在综合分析组成区域灾害系统的孕灾环境、致灾因子、承灾体的基础上,通过对致灾因子的风险评估、孕灾环境的稳定性分析、承灾体易损性评价,揭示区域致灾与成灾过程中灾情形成的动力学机制。

(2)洪水风险理论

风险通常与自然和社会事件的随机性、不可控性、不可知性相关联。从人类的视角看,当对人类及其生存环境造成不利后果时被称为风险事件。洪水风险是由随机性的洪水事件、人类社会及自然环境承灾体的脆弱性相互作用而产生的,包括洪水危险性、承灾体的暴露度和脆弱性。超标准洪水风险可以由以下3个部分进行表征:超标准洪水危险性、承灾体暴露度和承灾体脆弱性。

超标准洪水风险(R)=超标准洪水危险性(H)×承灾体暴露度(E)×承灾体脆弱性(V)

式中,超标准洪水危险性是指某地区受超标准洪水影响的危险程度;承灾体暴露度是指位于危险地区易于受到损害的人员、财产、系统或其他对象;承灾体脆弱性则是指一定致灾因子强度下,承灾体可能遭受损失的程度。

洪水风险分析,即风险识别、风险评估(评估危险性、暴露度和脆弱性)和风险评价(什么是可接受风险),为解决洪水管理决策者的困境和难题,确定适宜的措施提供了有效的方法和手段。因此,洪水风险管理是指在洪水风险分析的基础上,政府以公平的方式,采取综合措施管理洪水和人的行为,从而改进效率,保障生命安全的过程。

目前,自然灾害风险的概念大致可归为3类:①风险是不利事件发生的不确定性。该概念侧重于灾害的自然属性,倾向于将风险归因于纯粹的物理现象。②风险是不利事件产生的可能后果。该概念侧重于灾害的社会属性,倾向于将风险主因归于人类活动。③风险是不利事件的可能性与其产生不利影响的不确定性的综合度量。该概念综合考虑了灾害的双重属性,即自然属性和社会属性,认为风险是自然事件和人工系统相互作用的结果。洪灾风险宜采用第3类风险概念来定义,即洪水事件发生的可能性及其可能产生的不利影响(后果)的综合度量。

进入21世纪以来,在气候变化和城镇化发展等多重压力下,洪水风险呈增长态势,不少国家相继提出了洪水韧性管理。洪水韧性是指承灾体、社区或者社会系统在遭受洪水冲击时,能够及时有效地抵御洪水、适应洪水并从洪灾破坏的影响中恢复过来的能力。加强韧性建设能够提高承灾体/系统抵御、适应洪水并从洪灾中尽快恢复过来的能力。俞茜等提出了狭义洪水韧性和广义洪水韧性。狭义洪水韧性是针对单一承灾体而言的,如排水管网、泵站、住房、供电设施等承灾体在遭受洪水时先受损再恢复的过程,若承灾体受损程度小且恢复过程快,则该承灾体韧性较强,反之,则韧性较弱。广义洪水韧性则是针对系统整体而言的,如以城市作为一个系统研究,则其洪水韧性体现在城市应对洪涝的预防、准备、响应、应急、重建等各个阶段。面对洪水的冲击,特别是超标准洪水的冲击,有的区域在经历洪灾之后一蹶不振,而有些区域却能够较快地克服灾害带来的不利冲击,甚至以此为契机得到更加长远的发展。导致这些不同结果的本质原因便是韧性的差异,韧性强的区域在应对洪灾时的适应调整能力强;而韧性弱的区域则反应能力滞后,适应性不足。

1.3.2.2 灾害评估指标体系

(1)基于区域灾害系统理论的指标体系

从系统论的观点来看,孕灾环境、致灾因子、承灾体之间相互联系、相互影响、相互作用,形成了一个具有一定结构、功能、特征的复杂体系。表1.3-1为该类指标体系的一个范例。

表 1.3-1 洪灾风险评价指标体系示例

指标层1	指标层2	指标层3	数据获取方式
孕灾环境	植被	植被覆盖率	Landsat图像提取
	河流	河网密度	水利普查资料和Landsat图像
	地形	高程	DEM
致灾因子	降雨	年降雨量、雨季降雨量的距平、平均最大1d/3d/7d降雨量、年暴雨日数	水文统计数据
承灾体	人口	单位面积人口数、单位面积老少人口数	统计数据
	GDP	单位面积GDP产值	统计数据
	房屋	建筑物面积	统计数据
	农业	农业用地面积	统计数据
	工商业	单位面积工商企业个数	统计数据
防灾力	防御能力	防洪标准、城市排涝标准	水利普查数据
	恢复能力	万人病床数、救灾物资储备库密度等	统计数据、应急预案

孕灾环境包括大气环境、水文气象环境以及下垫面环境等。近些年灾害发生频繁,损失与年俱增,其原因与区域及全球环境变化有密切关系,其中最为主要的是气候与地表覆盖的变化,以及物质文化环境的变化。孕灾环境稳定度或者敏感度,即环境的动态变化程度,将影响灾害的强度及频率。重大洪水灾害的发生,除了全球气候异常外,还与生态环境的稳定

度及破坏有着重要的关系,如 1998 年长江中下游特大洪水灾害的发生,与流域森林砍伐、围湖造田、坡地开垦、水土流失等造成的生态环境变化有密切关系。事实上,对于小范围局部地区来说,其洪水灾害风险空间分布特征主要是受下垫面环境的影响,而不是大气环境和水文气象环境。在下垫面环境中,以地形对洪水灾害风险影响最大,其次是河流网络,再次是地表覆盖、土壤等。因此,在评价洪水灾害孕灾环境稳定性时选取地形、河流湖泊分布、土地利用、植被覆盖及土壤作为评价指标。

洪水灾害的致灾因子包括暴雨、台风、海啸、冰雪融水、溃堤等,其中暴雨是主要洪水致灾因子。一般地,降水强度、历时和范围直接影响形成洪水灾害的严重程度。强度越大、历时越长、范围越广,越容易形成特大洪水灾害。目前,评价洪水灾害危害程度的主要指标有:年降雨量、雨季降雨量的距平、平均最大 1d/3d/7d 降雨量、年暴雨日数、标准面积洪峰流量等。

承灾体是各种致灾因子作用的对象,是人类及其活动所在的社会与各种资源的集合。不同的研究者基于不同目的对承灾体分类不一样,因此承灾体的划分有许多种体系,一般先划分社会与自然资源两大类。不同类型的承灾体,常常具有不同的易损性属性特征。对于人来说,年龄、性别、身体状况等因素直接影响到个体可能受洪水伤害的程度。在洪水灾害发生后,妇女、儿童、老人、残障人士易受洪水灾害的威胁,是承灾的脆弱群体。对于建筑物来说,建筑物的材料、结构、楼层数、使用年限等直接影响其抵抗洪水灾害的能力大小。土木结构的旧平房比钢筋混凝土结构的新楼房更容易受到洪水的破坏。同等程度洪水作用下,不同的承灾体受损失程度不一样,同一承灾体遭受不同强度洪水作用,其损失程度也不一样,这就是承灾体的脆弱性不同。

有的学者认为防灾力也是描述洪水灾害系统的重要方面,防灾力应从防御能力和灾后恢复能力来综合评估,防洪工程建设标准和防灾减灾投入综合反映防御能力,随着防洪非工程措施的不断发展,灾前预警和灾后重建同样是防灾能力的表征,这类指标可根据研究区域实际情况而定。

(2)基于风险三角形的洪灾评估指标体系

根据风险三角形理论,分别从洪水危险性、承灾体暴露度和脆弱性 3 个方面构建指标体系选取的指标列于表 1.3-2。洪水危险性存在于任何因洪水而可能遭受伤害、损失或损害的地方,其包含了洪水发生的可能性及达到的程度两层含义,洪水发生的可能性即概率,达到的程度与洪水水深、流速、流量、洪峰流量、受淹持续时间等因素密切相关;承灾体受灾情况是由其相对于洪水灾害的分布特征即暴露度和其自身的脆弱性特征综合决定,可选取人口、经济财产的指标,相应的暴露性指标包括人口密度、农作物播种面积和工商业总产值;而脆弱性指标则需根据洪水的致灾后果进行选取,通常可将洪灾灾情概括为人员伤亡及经济损失程度等因素。

表 1.3-2 洪灾风险评价指标体系示例

指标层 1	指标层 2	指标层 3	数据获取方式
危险性	强度/频率	流量、水位、频率、重现期	历史灾情数据
暴露度	人口	人口密度	统计数据
	GDP	单位面积 GDP 产值	统计数据
	房屋	建筑物密度	统计数据
	生命线系统	生命线密度	测绘数据
	农业	农业用地面积	统计数据
	工商业	工商企业产值	统计数据
脆弱性	人口脆弱性	老幼人口比重	统计数据
	经济脆弱性	财产损失率	统计数据

国际上基于风险三角形理论开展了一些针对灾害风险评估指标体系的专项研究。例如,联合国发展计划署(UNDP)与联合国环境规划署(UNEP)的全球资源信息数据库(GRID)合作开展的"灾害风险指标(DRI)计划",构建了一系列的灾害风险指标体系。DRI首次提出了一个全球尺度的、空间分辨率到国家的人类脆弱性评价指标体系,并使用死亡人数、死亡率及相对于受灾人口的死亡率作为其风险指标。美国哥伦比亚大学和 ProVention联盟共同完成的"自然灾害风险热点(Disaster Risk Hot Spots)计划",建立了灾害多发地区,特别是沿海地区的危险性、暴露度和脆弱性 3 类风险评估指标,并将评估结果编制成不同等级的灾害风险图。

(3)基于韧性理念的洪水灾害评估指标体系

目前,针对韧性城市评价的研究较多,在进行洪水韧性城市评价时,应该从城市系统的各项组成部分进行评价,包括基础设施韧性、经济韧性、社会韧性、环境韧性、组织韧性等。联合国防灾减灾署(UNDRR)及其合作伙伴于 2010 年发起了"使城市具有韧性(Making Cities Resilient,MRC)"运动,提出了"使城市更具韧性的十项要素",并针对每项要素设置了评价指标和相应的打分规则。相较于其他要素有较为明确的评价指标,目前尚未有适合的指标评价如何"重建得更好"。除此之外,国际标准化组织(ISO)于 2019 年 12 月发布了《城市可持续发展韧性城市指标》(以下简称《指标》)。《指标》从经济、教育、环境与气候变化、治理、健康、人口、城市规划和社会环境等 18 个方面制定了 74 项指标,覆盖了灾害预防、准备、响应、恢复和重建等各个阶段。Cutter 等从社会韧性、经济韧性和社区韧性等 6 个方面筛选了 49 项指标,构建了社区韧性基线评价指标体系(BRIC)。在此基础上,李亚和翟国方构建了我国城市灾害韧性评价指标体系,并将其用于评价我国 288 个地级市的灾害韧性程度。

部分学者针对洪水韧性评价指标也开展了一些研究。Liao 提出"可浸区百分比",即用可泛洪土地面积占洪泛区的面积比例来反映城市的承洪韧性;Leandro 等和 Kong 等提出了洪水韧性指标的量化计算方法;Batica 和 Gourbesville 提出了建筑物尺度的洪水韧性评价指标体系,评价内容包括外部服务(能源、水、通信、交通等)和内部服务(可用食物等)两个方

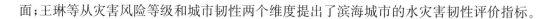

面;王琳等从灾害风险等级和城市韧性两个维度提出了滨海城市的水灾害韧性评价指标。

1.3.3 超标准洪水影响计算方法

我国流域大部分地区人口密集、发展变化迅速,洪水受水利工程调度应用影响大,超标准洪水问题突出。作为洪水灾害评估的重要基础性工作,洪水模拟的效果在很大程度上影响着洪水灾害评估的效果,需要针对超标准洪水特性,建立多尺度多防洪工程措施运用情景下的洪水灾害影响模拟模型,开展流域超标准洪水实时动态快速评估研究,大幅度提高流域超标准洪水评估的精度和速度,达到实用化目标,这具有重要的学术意义和实践意义。

不同空间尺度超标准洪水模拟计算方法是洪灾损失评估的重要组成部分。在进行二维洪水计算时,需要对计算区域网格离散。网格形式通常有结构和非结构两种,一般在处理复杂边界条件时常采用非结构网格。由于洪水的巨大危害性,人们围绕洪水的形成、演进及预防等领域的问题做了很多研究工作。早期的研究以分析水流运动的理论解为主,利用基本的偏微分方程和数理方程理论来求方程的解析解,计算条件较为简单,对研究水流运动特性和分析洪水波运动机理具有较大意义。但是在实际问题的研究中,计算区域通常都具有较复杂的地形边界条件以及水力边界条件,因此理论解很难解决具体的生产实际问题。随着计算技术硬件条件和数值计算理论的不断发展,人们对实际水流运动的模拟能力也有了很大的进步。其中,对于具有自由表面的实际水体流动,通过浅水假定可以简化一般不可压缩流中压力计算的困难,而且连续方程变为水深变化的控制方程,因此在实际洪水数值模拟计算中普遍采用。

常用的浅水动力学计算方法有:有限差分法(FDM)、有限单元法(FEM)、有限体积法(FVM)、特征线法(MOC)、有限分析法(FAM)等。其中,有限差分法是数值计算最早采用的方法之一,也是目前水动力学数值模拟中使用最广泛的计算格式。有限差分法为点近似,此方法用网格控制点上变量值的差分式近似代替控制微分方程中的导数项来进行代数方程组的求解,数学物理概念和表达形式清晰直观,同时具有较完善的数值格式收敛性和稳定性分析理论。目前,求解一维圣维南方程组的 Preissmann 四点偏心格式以及二维浅水方程的ADI(Alternating Directon Implicit)格式在工程实践中应用最为广泛。在存在间断问题的水流模拟计算中,很多差分格式通过采用求解黎曼问题的计算方法来解决传统差分格式的不足,比较经典的格式为 Godunov 格式,此格式利用黎曼问题解析解在网格单元边界上求解控制方程变量,较好地模拟了间断问题,但是 Godunov 也证明了采用高阶精度差分格式进行间断问题求解时容易产生非物理数值震荡;后来,Harten 对计算中的通量进行了修正,同时提出了高分辨率的 TVD(Total Variation Diminishing)格式,从而较好地抑制了非物理的数值震荡。后来,有学者提出了很多高阶高分辨率的差分方法并应用于实际问题的模拟中,如 ENO(Essentially non-oscillatory)格式及 WENO(Weighted ENO)格式等。不过,差分格式的数值计算方法通常用于结构网格中,在复杂计算域的适应性上有一定的局限。有限体积法最早用于进行二维欧拉方程的计算,跟有限单元法一样,首先把计算域进行划分,形成一系列连续的控制单元,接着将控制方程在单元内积分,导出一组以控制体内物理量为未知变量的代数方程,先将通过各控制单元边界的水量和动量进行计算,再平衡控制单元内的水量及动量,求解完成单元内的变量值(水深和流速等)。较早的有限体积二维计算采用交错矩形网格,随着非结构网格的使用和通量算法的改进,有限体积法有了更为广泛的应用。控制单元交界面上的通量计算是有限体积法求解的主要误差来源,也是有限体积法计算的关键,采用平均法最为简单,即将控制单元交界面两侧网格形心位置上的通量平均值作为界面通量,相当于守恒的中心差分格式,而应用较为广泛的计算格式为基于黎曼近似解的Godunov方法,此格式在计算大梯度流动时具有优势。有限体积法在一定程度上吸收了有限差分法和有限单元法的长处,有限体积法跟有限单元法一样适用于不规则网格和复杂边界,离散方法具有差分法的灵活性。另外,有限体积法结合 TVD、ENO 及 WENO 等数值方法,具有较好的数值模拟效果。因此,本研究在构建二维数学模型时选择了有限体积法。除上述常用方法以外,还有无限元法(IEM)、无单元法(MM)、边界元法(BEM)等数值计算方法,在对不同问题的研究中这些方法往往互相借鉴。

目前,这些方法已经有了广泛的应用。一维数学模型是发展最早、较为完善的水动力模型。一维模型具有较高的计算效率和灵活性,可快速方便地进行长河段、长时期的洪水预报。在实际的二维水流模拟计算中,往往由于计算域和地形较为复杂而给数值模拟增加了难度,特别是在山区河道、河口以及蓄滞洪区等区域,地形变化很大,水沙运动的数值模拟更加困难。为此,学者们提出了很多解决方法,包括采用不同的网格形式和改进的数值离散方法等。Brufau、Liao、胡四一、王志力、张大伟等采用基于非结构网格的有限体积法对很多工程问题进行了数值模拟;邢领航等利用非结构分段混合网格及两步压力校正方法进行了黄浦江段的潮流计算。一维、二维耦合的数学模型有了较大发展。耦合模型可以发挥一维、二维模型各自的优势,在不同的研究区域应用不同的模型以适用不同空间尺度的实际问题。长河道洪水演进采用一维模型计算,同时可以发挥一维模型处理河道中闸门、堰等建筑物时的优势;蓄滞洪区以及局部河道采用二维数学模型,能够提供计算域更加丰富的计算信息,如流场、水深等水力要素的分布等。

近年来国外一批商业化的洪水模拟模型,如 MIKE、Delft3D 等在众多流域的洪水模拟计算中得到应用。我国流域洪水分析模型研制工作也取得了较好的成果。中国水利水电科学研究院研发的洪水分析系列软件集成了水文模型,一、二维水动力模型,具备良好的模拟流域不同量级洪水的演进以及图形科学可视化展示的能力。但由于超标准洪水危害性大、影响范围广,在进行超标准洪水模拟时,一方面需要考虑更加全面的防洪措施联合运用场景,另一方面需要缩短计算时间,减少大范围模拟计算引起的高计算资源消耗,这是目前研究的难点和薄弱环节,需要进一步研究和探索。

1.3.4 超标准洪水灾害评估模型

国外对于洪灾损失问题的研究开展时间较早,如美国、日本等国家已经在洪灾损失评估方面做了大量工作。这些国家关于评估洪灾损失所需的基础资料也建设得相对比较完整，这就使得在洪灾发生时能对其造成的损失进行快速评估。美国自 20 世纪 60 年代以来就对洪泛区管理问题做了广泛深入的研究，并对洪灾损失评估方法做了很多有意义的探讨工作。1978 年美国的 Lee 利用由 Friedman 首先开发的并由 White 和 Hass 修改发表的模拟模型建立了区域洪水损失模型。1988 年 Ruell Lee 和 Sujit 等提出"非传统"的水深—损失曲线方法，对发生特大型洪水时所造成的经济损失进行计算，并拟合出 6 种不同的财产类别的新曲线，这些曲线又称为平均曲线，具有较为广泛的适应性。1990 年，J. W. 亨德蒙和 D. I. 史密斯在研究澳大利亚悉尼的乔治斯河洪水时发现影响洪水损失的一个主要因素是预报时间，进行洪灾预报的重要因素是历史上的洪水资料。加拿大的 Jack Georrie 和 Edward A. Mcbean 通过利用访问调查资料调整水深—损失曲线来分析和探讨洪水预报、高流速洪水以及长历时洪水造成的影响。1992 年，泰国利用对曼谷调查获得的洪灾损失和淹没水深及淹没历时的函数关系，重新估算了 1983 年的洪灾损失。日本学者 Srikantha Herath 利用地理信息系统、分布式水文模型和遥感技术进行了洪水模拟和损失评估。德国慕尼黑的保险公司开发出了一个基于 GIS 的洪灾损失计算模型，并从 1999 年以来就已在全国投入应用。2006 年新西兰的洪灾研究者 S. N. Jonkman 和 M. Kok 等提出了构建水力与经济集成模型来评估洪灾经济损失，利用该模型他们对新西兰最大的洪涝区进行了经济损失的评估，填补了在洪水灾害综合建模和构建一个完整的洪灾经济损失评估框架体系方面研究的空白。

我国在关于洪灾损失评估方面的研究与国外比起来起步相对较晚，直到 20 世纪 80 年年代末伴随全球性的减灾活动等研究的展开，相关的研究才开始逐渐增多。洪灾损失评估涉及方面众多，其影响因素也很复杂，而我国有关受灾区域的损失统计工作基本上是由国家防汛抗旱指挥部和国家统计局联合制定开展的，依靠县（市）逐级上报，造成了统计数字的客观性不强，失真比较严重。90 年代初我国学者文康、金管生等对长江、淮河流域和松辽流域以往有关洪灾损失调查评估方面的分析研究成果做了既全面又系统的分析整理，并进一步探讨和分析了洪灾损失调查评估方法，详细地介绍了各个部门洪灾损失的特点、调查评估的原则、灾害损失的计算方法以及应当注意的一些问题。1993 年陆孝平等在分析和研究水利工程的防洪经济效益方法中对调查和分析洪灾经济损失基本资料的方法进行了较为详细的论述。90 年代后期洪灾损失评估研究也随着遥感技术和地理信息系统技术的集成应用有了新的发展。1999 年陈秀万等根据发生洪水时的遥感水体提取模型来计算洪水淹没范围，并运用社会和经济等统计资料实现了实时的灾害损失评估。刘冬青等基于 RS 技术和空间分布式社会经济数据库进行了洪灾的遥感监测评估，实现了高效的灾中评估，并且评估的精度可以达到以县为单位的受灾人口、受灾居民地面积、受灾耕地面积、受灾总面积等。1998年武靖源等从可持续发展的战略高度对建立洪灾经济损失评估系统所存在的重大意义进行了论述，随后从国民经济整体角度对洪灾损失进行分类，并确定了洪灾经济损失评估的计算准则，最终构建了直接经济损失评估模型和洪灾经济损失评估系统的结构图。2000 年冯平等在研究了城市灾前价值评估方法的基础上，建立了洪灾直接经济损失预测和评估模型；王春周等利用社会经济统计年鉴等资料进行模拟和预测了太湖流域洪水灾害;程涛等分析和研究了历史洪灾资料以后提出了以县为单位建立区域洪水灾害直接经济损失评估模型。对于洪灾损失快速评估方面的研究,张立忠等采用洪灾重演法对海河"63•8"和"96•8"型洪灾进行了重演,分析和研究了洪水损失随着社会、经济以及环境发展变化而变化的规律,并选用淹没面积作为洪水灾害的主控指标,建立了洪灾损失快速评估模型,获得了不同频率的洪水灾害损失随财产变化的关系曲线,提供了一条用于快速评估区域洪灾损失的有效途径。徐美等以加拿大 Radarsal 星载雷达影像为基础数据源,应用遥感和地理信息系统技术,实时监测淮河水情,对淹没区与内涝区的灾情实现了快速评估。池天河等研究了基于并行计算的 SAR 图像快速处理技术,提出了基于 ArcMap Service 的洪水灾害信息后处理与网络发布一体化解决方案。黄涛珍等分析和研究了洪灾的主要特点和影响因素,构造了洪水灾害损失计算的人工神经网络,建立了典型流域的洪水灾害损失快速评估模型。2002 年魏一鸣等将地理信息系统和遥感等空间技术结合建立了基于洪水灾害快速评估的承灾体易损性信息管理系统。陈铭等根据淮河流域蓄滞洪区实地调查的情况,提出了利用历史损失数据估算法和基础统计数据法来实现快速评估蓄滞洪区行蓄洪损失。在关于洪灾损失评估模型研究中,杨思全等提出将模糊综合评判、模糊综合评价法、灰色关联度等方法引入洪水灾害模型。周激流等将遗传算法与神经网络相结合计算水稻受淹减产率。金菊良分析了简单遗传神经网络模型,并对洪水灾害损失模型运用模糊综合评价法进行改进,建立了模糊综合关联度模型。项捷等通过 MIKE 二维水动力模型对淹没范围进行模拟,评价了厦门市东西溪流域的洪灾风险。苏布达等建立水力学模型,分析了荆江分洪区的洪水淹没范围、水深及其可能造成的损失。孙阿丽等利用暴雨内涝模型,评价了黄浦区两种主要承灾体的洪灾危险性。张正涛等探讨了不同重现期情景下淮河流域暴雨洪水灾害风险变化。苏伯尼等模拟了福建省龙岩市不同降雨情景下的内涝时空分布和灾害损失。

超标准洪水灾害评估是进行洪水风险调控、采取综合应急措施的重要基础与技术手段。但目前国内外尚未有针对不同空间尺度(流域、区域)的超标准洪水评估理论方法,大多数针对局部精度尺度的洪水灾害评估局限在针对特定洪水事件、特定洪水频率的静态的灾害经济损失后果评估方面。针对流域尺度、区域尺度超标准洪水灾害评估方面的研究较为薄弱,评估指标体系、模拟计算模型的研究仍处于探索阶段,总体上尚未建立实用简单且又能充分反映系统特性的超标准洪水灾害评估指标体系及评估方法;一些评估模型也存在计算量大、实际操作复杂、精度低、影响因素考虑不全、时效性差等缺陷,难以对洪水灾害做出较为精确的快速定量动态评估,从而导致流域超标准洪水灾害评估在时效性、准确性、动态性等方面难以有效支撑流域超标准洪水风险调控、综合应急管理等方面的实际需求。

1.3.5 超标准洪水演变全过程展示

利用可视化技术表达洪水演进的各项信息已成为目前洪水信息管理领域不可或缺的部分。为了能够更高效地掌握洪水演进规律,包括不同时刻的洪水淹没范围、水位、洪水流速、流场变化等,国内外众多商业机构和相关研究者针对不同的应用背景开发了不同的洪水可视化系统平台。

(1)国内研究进展

目前,国内外学者对洪水数值模拟及可视化方法进行了深入研究,耿敬等结合 GIS 技术与 MIKE21 软件,设计了基于 MIKE21 计算数据的 GIS 洪水淹没三维动态可视化方法,并采用空间数据库与属性数据库相互调用机制,实现淹没过程的动态模拟与实时信息查询;张彪等探讨了洪水淹没模拟三维可视化中的地理环境三维可视化、洪水淹没演进动态可视化和流场动态可视化 3 个问题,并提出了基于 osg 和 osgEarth 三维渲染引擎的解决方案;潘立武给出了根据二维浅水方程的数值计算结果构建洪水演进可视化模型的具体过程,讨论了3D-GIS 洪水演进可视化实现的关键技术;葛小平等采用 GIS 与水力演进模型,结合三维模拟技术和对象关系模型数据库,实现浙江奉化江流域洪水淹没范围模拟;李云等通过建立一、二维洪水演进数学模型,实现淮河临淮岗区段洪水演进数值模拟和三维可视化;丁志雄等基于遥感和 GIS 技术,采用平面模拟方法实现洪水淹没范围和水深分布的模拟;韦春夏基于 ArcGIS 和 SketechUp 对洪水演进的可视化进行了研究,研究了 GIS 空间数据管理和分析功能在洪水仿真过程中的重要作用;汤中倩在 GIS 的基础上集成了一维和二维的水力学洪水数值模拟,用来实施对河道及洪泛区的洪水仿真。

(2)国外研究进展

针对洪水演进的可视化技术研究,国外主要以地理信息系统技术的应用为基础,开发了实用性较强的、集成了洪水演进模拟等功能的商用软件,如 DAMBRK、MIKE、HEC-2 等,为洪水演进仿真系统的进一步开发提供了条件。德国 Geomer 公司研制了基于 GIS 的水动力模型——Floodarea,用于界定洪水淹没范围,预警可能的洪水风险。HEC 和环境系统研究所公司(Esri)联合开发的 HEC-GeoRAS 是 HEC-RAS 在 GIS 上使用的功能扩充模块,是二者数据交换的媒介。HEC-GeoRAS 可以有效简化使用 HEC-RAS 模拟仿真前的预处理工作(河道的地形数据、几何图形、横截面资料、堤防数据等),便于河道地形几何数据(Geometric Data)的建立;在 HEC-RAS 水力演算分析后,亦可助于模拟分析结果在 GIS 中后期处理,即淹没范围、水深、流速等洪水基本信息直观呈现与分析。

荷兰的 Pakes U 等探讨了 GIS 软件与一维洪水演进模型 SOBEK 的集成问题;美国 Stephen 等对 GIS 软件与水文水力学模型 HEC-2 集成也进行了研究;Mahendra 等结合 GIS 技术和水动力模型,对印度 Yamuna 河的洪水淹没范围进行了模拟分析;Patros 等基于一维与二维水动力模型的 MIKE 软件,模拟了默哈讷迪三角洲的淹没范围及水深。

从上述对国内外洪水三维可视化系统研究的简单综述中可以看出,除了成熟的商业软件外,大部分的系统并不具有普适性,缺少面向(超标准)洪水演变全过程的时空态势图谱技术体系,不能满足不同尺度、不同应用主题及应用场景洪水模拟、推演可视化的要求。

第 2 章　超标准洪水灾害监测体系

2.1　洪灾监测平台

2.1.1　卫星监测平台

目前,全球卫星数量已达上千颗,卫星遥感技术因其具有观测范围大、获取信息量大、速度快、动态性强等优点,在洪水灾害的监测中得到越来越多的应用。洪灾不同方面的特性对遥感卫星的技术指标和数量提出了不同要求。就洪灾发生的大尺度而言,需要大幅宽的卫星成像系统;就洪灾的突发性和动态性而言,需要具有快速的响应能力、能够实现高频次观测的卫星系统;由于洪灾通常伴随恶劣的天气条件,需要卫星具有全天候、全天时的监测能力;而对于洪灾引起的房屋、道路等承灾体损毁,需要米级甚至亚米级的空间辨识能力进行精细化评估。经过多年的发展,全球范围内的卫星遥感数据资源日益丰富,在上述各方面的技术指标都取得了显著进展。

针对超标准洪水监测对时效性、分辨率的需求,对国内外主流卫星平台进行梳理及研究,明确各平台的关键性技术指标,得到洪灾监测卫星平台及主要参数(表 2.1-1),可为构建面向超标准洪水的天空地协同监测平台提供技术依据和支撑。

表 2.1-1　　　　　　　　　　洪灾监测卫星主要参数表

类别	卫星	光谱类型	空间分辨率(m)	重访时间	幅宽(km)
静止卫星	高分四号	光学	50	20s	400
雷达卫星	高分三号	C 波段	1~500	1.5d	10~650
	哨兵一号	C 波段	5~40	1~12d	80~400
	Radasat2	C 波段	3~100	1~24d	10~500
	ALOS2	L 波段	3~100	2d	25~489.5

续表

类别	卫星	光谱类型	空间分辨率(m)	重访时间	幅宽(km)
中分辨率光学卫星	高分一号	光学	2	4d	60~800
	高分六号	光学	2	2d	90~800
	资源一号	光学	2.36	3d	27
	资源三号	光学	2.1	3d	51
	Planet	光学	3~1	<1d	21
	环境一号 AB 星	光学	30~300	1d	360
高分辨率光学卫星	高分二号	光学	0.8	5d	45
	高分七号	光学	0.8	/	20
	高景一号	光学	0.5	2d	12
	北京二号	光学	0.8	1d	24

2.1.2 无人机监测平台

无人机遥感技术作为一项空间数据获取的重要手段,具有高时效、高分辨率等优点,是卫星遥感与载人机航空遥感的有力补充。与卫星遥感和载人机航空遥感相比,无人机遥感更加方便、快捷,响应能力快,生存力强,对气候条件要求低,对地形适应性强,同时摆脱了重访周期的限制,能实现影像数据的实时传输,满足紧急条件下工作要求。无人机搭载的高精度数码成像设备,具备面积覆盖、垂直或倾斜成像的技术能力,获取图像的空间分辨率达到分米级,适于 1∶10000 或更大比例尺遥感应用的需求。

当洪灾发生时,在地形和环境极为复杂的防汛抢险救援现场,无人机可以及时做到机动、灵活地开展监测侦察工作。特别是一些急难险重的灾害(现场),无人机机载摄像头能够多角度、大范围地进行现场观察,迅速将现场的视频、音频信息及监测到的相关数据配合卫星通信系统传输到防汛指挥中心,跟踪事件的发展态势,为防汛指挥中心提供判断和决策的依据,这是一般监测设备无法比拟的。另外无人机搭载高清摄像机还带红外补偿功能,能在夜晚进行工作。

2.1.2.1 无人机分类

无人机根据飞机形态大体上分为直升机、固定翼、多旋翼。结合超标准洪水监测需求和目前无人机平台发展水平,得到超标准洪水无人机主要参数见表 2.1-2。

表 2.1-2   洪灾监测无人机主要参数表

类型	续航时间	范围	优点	不足	洪灾使用情境
无人直升机	3h	300km/次	载荷大、垂直升降、空中悬停、抗风性好	机翼结构复杂,维修费用高昂	适用于恶劣天气环境下、大范围灾害监测
无人固定翼	2h	180km/次	续航时间长、载荷大、抗风性较好(7级)	起飞须手抛、降落须滑行,不能空中悬停	适用于较恶劣天气环境下、小范围灾害监测
无人多旋翼	40min	20km/次	垂直升降、空中悬停、结构简单	续航短、载荷小、飞控要求高	适用于一般天气环境下、小范围灾害监测

2.1.2.2 洪灾监测对无人机的技术需求

无人机作为一种快捷高效的信息监测、跟踪技术手段,为防汛抢险工作提供了应对紧急突发事件的强有力的技术支撑。根据洪灾发生现场实际情况,结合目前主流无人机所能达到的技术水平,无人机在洪灾监测、防汛抢险中全面应用尤其需要满足以下几个方面的技术需求。

(1)续航能力

无人机在深入抢险救灾现场时,由于电池续航问题,并不能很好地发挥其作用。目前,国内专业级多旋翼无人机续航能力在 60min 左右,而载物时续航能力大大降低,通常配置较高的多旋翼无人机根据机上搭载设备的不同,续航时间一般可持续 40min 左右。固定翼无人机续航能力稍高,从 1 个小时到几个小时不等,然而固定翼无人机需手抛起飞、降落须滑行,且不能空中悬停。对于发生环境恶劣的洪水灾害,需要起降等操作更为灵活、对环境要求更低的多旋翼无人机。因此,在深入洪灾发生现场时,为了更好地发挥无人机作用,需要为多旋翼无人机增配多块大容量锂聚合物电池。

(2)图传效果

无人机图像传输系统就是将天空中处于飞行状态的无人机所拍摄的画面实时稳定地发射给地面无线图传遥控接收设备,其图像传输的实时性、稳定性是关键。因而,要求无人机必须有一定的抗干扰能力,从而达到在使用过程中图像质量高、实时画面监控延迟低的要求,而且还需要具备远距离传输功能。实际抢险现场通过无线传输易出现干扰,而且传输距离有限(传输和控制距离为 5km 左右),如何在低功耗前提下实现超远距离图传是需要进一步解决的问题。

(3)恶劣环境下作业能力

目前,普通民用无人机防雨性能较弱。由于其搭载的电子设备在飞行过程中产生的大量热量需要及时散发,为了保证散热正常,一般的无人机只能牺牲其防雨性能。险情发生的诱因以自然因素为主,自然因素中以降雨为主,这又对无人机的抗风和防雨性能提出了较高要求,需要考虑风速、防水、防雾等多种复杂环境因素。普通多旋翼无人机抗风性能可达 5 级,固定翼无人机抗风性能稍强,可达 7 级。但大部分无人机只具备一定的雨中作业能力,降雨量较大时均无法飞行。其次是夜视能力,由于灾害发生的时间、环境不可预知,因此应当配备具有红外夜视功能的摄像头,并配备辅助光源。

2.1.2.3 洪灾无人机监测应用

可利用无人机携带可见光相机、热成像仪等,对灾区进行勘察监测,将航拍图像批量导入高效无人机航片数据处理与应用系统,可快速拼接处理得到灾区特定范围高清影像图,分析洪灾淹没范围、淹没水深、受灾对象距离、面积、过水范围、房屋倒塌、险工险段的险工类型、危险程度、危及范围等灾情信息(图 2.1-1),为河道运行管理提供全面系统的基础数据,为有的放矢部署险段防御工作争取时机,为防汛抗旱指挥部科学指挥决策提供依据。

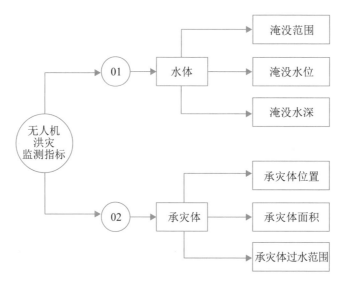

图 2.1-1 无人机洪灾监测指标

无人机主要用于对局部小范围内的监测对象进行精细化监测,针对项目监测需求,主要分为水体和承灾体的监测。其中,水体监测主要是获取洪灾发生的淹没范围信息,同时配合地面测量,可获取淹没水位、淹没水深信息。承灾体的监测指标根据承灾体特性不同有所差别,主要包含承灾体位置、承灾体面积和承灾体过水范围等信息。

2.1.3 地面监测平台

地面监测通过移动测量车、手持智能终端及 GPS、RTK 等其他地面测量设备实现,用于野外高精度信息采集,具有精度高、机动性强等特点。地面监测借助地面测量手段可实现高精度的洪灾监测,但需要人工操作,因而受制于人可到达的范围,难以涉足困难区域。通过与卫星、无人机配合使用,可突破传统地面监测手段的局限,实现较大范围内的高精度监测。

地面监测作为航天航空遥感观测的有效补充,实时提供地面现场应急观测信息,对灾害应急监测、资源调度与指挥提供有效的地面信息,配合航空航天遥感形成天空地一体化的观测网络,为防汛应急测绘保障提供服务。

2.2　超标准洪水遥感监测指标

2.2.1　监测指标体系

为了能够有效地监测评估洪水灾害,必须建立描述洪灾属性统一的指标集。在综合考虑洪灾的自然、社会经济和环境影响三方面因素的前提下,针对遥感监测实际情况,提出如图 2.2-1 所示的超标准洪水遥感监测指标体系。

超标准洪水灾害的遥感监测指标,一方面包括由反映洪水灾害自然特征提炼出的洪水危险性指标,另一方面洪水影响指标的变化也是遥感监测的重要指标。

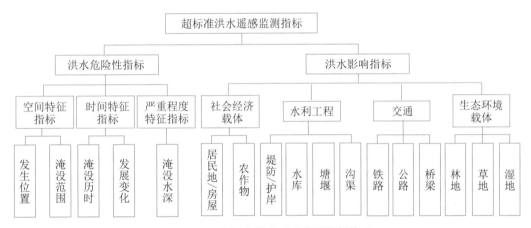

图 2.2-1　超标准洪水遥感监测指标体系

2.2.2　洪水危险性指标

洪灾水体及其相关属性包括洪水过程强度或规模(如洪水水位、淹没水深)、洪水灾害影响区域及其影响程度(洪水淹没范围)、洪水灾害危害强度等指标,用于刻画洪水危险性。

2.2.2.1　淹没范围

洪水的淹没范围是发生洪水时,地势低洼地区被洪水浸没在水面以下的受淹范围和区域。目前,利用遥感信息来提取水体信息的方法有单波段法、多波段法以及水体指数法。单波段法主要根据水体的波谱特征,选取影像中的近红外波段,通过阈值法来提取水体信息。该方法很难去除水体中的其他混淆信息,如阴影、山体等。多波段法主要是通过分析水体在多波段、各类植被指数值域特征,建立逻辑判别式,确定阈值,来综合提取水体信息。水体指数法主要是分析水体与其他地物的波谱曲线特征,找出它们之间的区别和变化规律,从而构建水体指数模型,提取水体信息。从遥感数据源的角度分析,不同的遥感影像,包括光学影像、微波影像,其水体监测/提取方法也相应地多样化。

2.2.2.2 淹没水深

遥感监测洪水灾害中,除了淹没范围这个评价指标外,淹没水深也是评价洪水灾害的重要指标之一。随着遥感技术和地理信息系统的发展,基于高精度的 DEM,通过遥感的方法使用较多的适合于较大范围的水深分布算法,即在水深范围已知的情况下,将水体视为静态水体,利用水面高程数据和地面高程模型来计算水深。

$$D = E_W - E_G (E_W \geqslant E_G)$$

式中:E_W——水面高程;

E_G——地面高程;

D——水深。

此方法要求所选用的 DEM 的精度要足够高。

根据上式,计算水深分布的步骤分为以下几步:

1)根据洪水期间的遥感影像,通过解译获取洪水水面与陆地的交界线。

2)在水陆交界线上采集若干数据点,并根据水陆交界线所在地区的 DEM 来获得所采集数据点的高程,或者通过地面测量手段来实地测量水陆边界点的高程。

3)利用 GIS 的空间分析功能,通过采集到的水陆边界线上的点建立洪水水面高程模型。

4)利用 GIS 的空间分析功能,利用洪水水面高程减去数字地面高程,从而得到水深分布。

水面高程的获取有多种方式,如可以通过激光测高仪来直接测定;或通过水文观测。这两种方法容易受天气条件和仪器自身条件的限制,同时数据计算的精确度不高。另外,还可以通过水文水力学的模型来模拟计算,该方法的计算量较大,算法复杂,很难实时掌握灾情信息。因此,可借助网络 RTK(如 CORS 等)实现水陆边界点高程采集提取。在作业区域条件允许时,直接用网络 RTK 采集水陆边界的水面瞬时 WGS84 高程,再减去该区域高程异常值可得到水面 1985 高程。作业区域条件不允许时,则需要在观测区域附近用网络 RTK 做高程基准点,采集其 WGS84 高程,通过内业处理将高程值引测得水陆边界水面高程,减去区域高程异常值即可。

2.2.2.3 淹没历时

淹没历时是指受淹区域的积水时间,是与淹没水深同等重要的因子,但获取相对困难。在已知水深的过程的前提下,可定义临界水深(Δd),超过临界水深的时间定义为淹没历时。

2.2.3 洪灾影响指标

超标准洪水遥感监测洪灾影响指标包括洪灾受淹房屋面积、受淹耕地面积、受淹工矿企业个数、受淹道路长度等。主要通过基于遥感影像的承灾体信息提取。在卫星影像或无人机影像上,通过解译的方法,基于解译标志或者实践经验知识,识别目标,并定性、定量地提取出目标的分布、结构、类型等指标数据。

在遥感解译中应用到的方法主要有:

(1)直接判读法

直接判读法就是根据卫星影像上的信息直接判读。

(2)对比分析法

对比分析法,又分为同类地物对比分析法、空间对比分析法和时相动态对比分析法。同类地物对比分析法是在同一卫星图片上,由已知地物推出未知目标地物的方法,这是常用的一种方法,对比较熟悉的承灾体能够准确确定其类型,从而在图中把具有相似属性的景观划为同一类型。

(3)信息复合法

利用已有专题图或者地形图与卫星图片叠置,根据专题图或者地形图提供的多种辅助信息,综合确定承灾体类型的方法。这在实际的操作中也是经常采用的方法之一。用来判断承灾体类型的图片,不仅有卫星图片,还有地形图。对于图中难以确定的图斑,尽可能地将图斑画得较小,有差别的地物都区分开。这样,即使以后两个图斑可能是同一类型,也可以通过合并来解决。

2.3　超标准洪水天空地协同监测体系

洪水灾害监测评估的数据来源有卫星遥感数据、无人机影像数据、地面移动监测数据等。根据传感器和平台不同,洪灾监测评估数据分为天基、空基和地基观测数据。目前,虽然天基、空基、地基监测平台各自已发展得相对较成熟,但是天空地多平台协同监测尚缺乏成熟的技术支撑,尤其是针对超标准洪水的监测,平台资源组织无序、灾情分析评估效率低、应急监测信息服务能力不足等问题十分突出,急需建立面向超标准洪水的天空地协同监测体系,构建具备全天时、全天候、全方位的洪灾监测指标获取能力的监测方案。

因此,在充分应用卫星遥感、低空遥感及地面移动监测等天、空、地多层次高精度数据采集、处理、监测手段的基础上,针对多样化的超标准洪水应急监测需求,提出了如图 2.3-1 所示的超标准洪水天空地协同监测体系架构。主要内容包括:

1)以天基卫星遥感所采集的多分辨率、多时相、多波段、多层次遥感影像作为监测的主要信息源,进行以流域、区域超标准洪水为主,局部超标准洪水为辅的遥感远程监测,全天时、全天候监控洪灾变化趋势。

2)以低空无人机遥感技术开展区域及局部超标准洪水相关监测指标观测,配合地基手段完成精细尺度的监测目标动态跟踪,并应对突发事件的数据应急采集。

3)以地面移动监测作为天基和空基遥感监测的配合和补充手段,实现流域、区域和局部不同级别超标准洪水的精准监测。

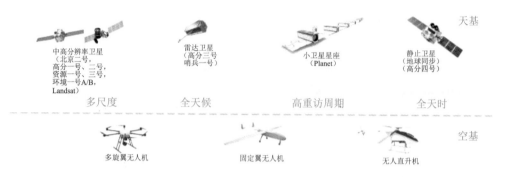

图 2.3-1 超标准洪水天空地协同监测体系架构

4)以上天、空、地不同层次的观测手段相辅相成、互相补充配合,形成立体多维的对地综合观测体系,实现面向超标准洪水的全天候、全天时、全要素的监测。

2.4 超标准洪水天空地协同监测方案

2.4.1 不同空间尺度超标准洪水

超标准洪水监测按照超标准洪水的发生及影响范围,分为流域级、区域级和局部超标准洪水。不同级别的超标准洪水监测方案不尽相同。针对以上 3 个级别的超标准洪水,在提出的超标准洪水天空地协同监测体系框架下,结合监测指标的空间及属性特征,提出如下超标准洪水天空地协同监测方案。

2.4.1.1 流域尺度超标准洪水监测方案

流域尺度超标准洪水监测是从宏观的角度进行快速、整体的数据采集。因此需要以卫星遥感监测手段为主,充分利用中分辨率卫星覆盖范围广、重访周期短的特点,快速动态采集流域超标准洪水空间数据;同时以空基、地基监测手段作为配合和补充,满足多种灾害应急情况下的监测需求。表 2.4-1 列出了在不同天气状况、时效性要求情况下,流域尺度超标准洪水监测平台的监测方案。

表 2.4-1　　　　　　　　　　流域尺度超标准洪水监测方案

天气状况	时效性要求	监测平台			监测指标	
		天基	空基	地基	致灾因子	承灾体
天气晴好	<1d	静止卫星(GF-1)	\	地面测量	发生位置、淹没范围、淹没历时、淹没水深、发展变化	居民地、农作物、水库、林地、草地、湿地
	>1d	中分辨率卫星(Landsat、Planet、GF-2、ZY01/03)	\			同上
多云多雾有雨	>1d	雷达卫星(GF-3、Sentinel-1、Radasat2、ALOS2、TerraSAR-X)	\	地面测量	同上	同上
	<1d	\	无人直升机			居民地、房屋、农作物、堤防、护岸、水库、渠道、塘堰、铁路、公路、桥梁、林地、草地、湿地

(1)受灾区域天气晴好

对于时效性要求较高的应急监测,紧急调度地球静止轨道卫星高分四号,采用凝视模式对受灾区域开展持续性观测。在此模式下,可实现对受灾区域 20s 一次的动态观测;另外空间分辨率 50m,可实现对流域级超标准洪水相关监测指标的提取。为了实现中小尺度对象的监测,如水利工程、房屋、铁路、公路等,采集中分辨率卫星数据如 Planet、资源一号、资源三号、高分一号等,这些数据时效性稍差,访问周期从天到周不等,实际操作时根据具体需求选择使用。与此同时配合使用地面移动监测手段,提高空基数据的精度。

(2)受灾区域多云多雾有雨

受灾区域存在多云多雾等恶劣天气状况而导致光学遥感卫星无法对地面进行观测,此时采用微波遥感卫星进行补充,满足洪灾全天时全天候的监测需要。若高分辨率雷达数据难以获取,可使用无人直升机搭载航空摄像机进行洪灾监测数据获取。

2.4.1.2　区域尺度超标准洪水监测方案

针对发生及影响范围较大的区域尺度超标准洪水,以中高分辨率卫星为主、低空无人机为辅对受灾区域进行多层次观测。当受灾区域处于多云多雾有雨等恶劣天气状况而导致光学遥感卫星无法观测的情况,采用雷达卫星进行补充。

（1）受灾区域天气晴好

对于时效性要求较高的区域超标准洪水应急监测，采用小卫星星座 Planet 实现对灾区灾情每天更新，包括耕地、园地、林地、住宅、道路、工矿用地等；对于时效性要求为 1～3d 的动态监测，采用北京二号、高分二号等高分辨率卫星，实现多层住宅、农村住宅、城市道路绿化设施、一般道路、商业休闲设施用地、公共基础设施用地精细地物的识别监测；对于时效性要求小于 1d 的紧急应急监测，采用无人机作为主要手段。

（2）受灾区域多云多雾有雨

恶劣天气条件下采用微波遥感卫星高分三号进行补充，经影像处理分析，可实现淹没范围提取。若高分辨率雷达数据难以获取，可以考虑使用无人直升机搭载航空摄像机进行洪灾监测数据获取。

表 2.4-2 列出了在不同天气状况、时效性要求情况下，对于区域尺度超标准洪水监测平台的监测方案。

表 2.4-2　　　　　　　　　　　　区域尺度超标准洪水监测方案

天气状况	时效性要求	监测平台			监测指标	
		天基	空基	地基	致灾因子	承灾体
天气晴好	1d	小卫星星座（Planet）	\	地面测量	发生位置、淹没范围、淹没历时、淹没水深、发展变化	居民地、农作物、水库、林地、草地、湿地
	1～3d	高分辨率卫星（BJ-2、GF-2、GJ-1）	\			居民地、房屋、农作物、堤防、护岸、水库、渠道、塘堰、铁路、公路、桥梁、林地、草地、湿地
	<1d	\	无人直升机			同上
多云多雾有雨	>1d	雷达卫星（GF-3、Sentinel-1、Radasat2、ALOS2、TerraSAR-X）	\	地面测量	同上	居民地、农作物、水库、林地、草地、湿地
	<1d	\	无人直升机			居民地、房屋、农作物、堤防、护岸、水库、渠道、塘堰、铁路、公路、桥梁、林地、草地、湿地

2.4.1.3　局部尺度超标准洪水监测方案

对于发生及影响范围较小的局部尺度超标准洪水，利用高分辨率光学或雷达卫星、低空无人机采集受灾区域高时效性影像，配合地面高精度测量手段，实现局部空间尺度的超标准洪水监测。

(1)受灾区域天气晴好

对于时效性要求较高的区域超标准洪水应急监测,采用北京二号、高分二号实现对灾区灾情动态监测,包括耕地、园地、林地、多层住宅、农村住宅、城市道路绿化设施、一般道路、商业休闲设施用地、公共基础设施用地等;对于时效性要求小于1d的紧急应急监测,采用无人机作为主要手段。

(2)受灾区域多云多雾有雨

恶劣天气条件下采用微波遥感卫星高分三号进行补充,经影像处理分析,可实现淹没范围及耕地、园地、林地、住宅、道路、工矿用地等承灾体信息提取。若高分辨率雷达数据难以获取,可以考虑使用无人直升机搭载航摄像机进行洪灾监测数据获取。

具体监测方案见表2.4-3。

表2.4-3　　　　　　　　　　局部尺度超标准洪水监测方案

天气状况	时效性要求	监测平台			监测对象	
		天基	空基	地基	致灾因子	承灾体
天气晴好	>1d	高分辨率卫星（BJ-2、GF-2、GJ-1）	\	地面测量	发生位置、淹没范围、淹没历时、淹没水深、发展变化	居民地、房屋、农作物、堤防、护岸、水库、渠道、塘堰、铁路、公路、桥梁、林地、草地、湿地
	<1d	\	旋翼无人机/固定翼无人机			同上
多云多雾有雨	>1d	雷达卫星（GF-3、Radasat2、ALOS2、TerraSAR-X）	\	地面测量	同上	居民地、农作物、水库、林地、草地、湿地
	<1d	\	旋翼无人机/固定翼无人机(小雨)			居民地、房屋、农作物、堤防、护岸、水库、渠道、塘堰、铁路、公路、桥梁、林地、草地、湿地

2.4.2　不同阶段监测对象

针对超标准洪水发生的不同阶段,即洪灾发生前、洪灾发展中、洪灾发生后所采用的遥感协同监测手段也不尽相同。

2.4.2.1　灾前数据库建设与更新

洪水灾害基础地理数据库的建设是进行洪灾预警、灾情评估和救灾的基础。主要包括

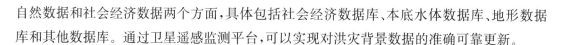

自然数据和社会经济数据两个方面,具体包括社会经济数据库、本底水体数据库、地形数据库和其他数据库。通过卫星遥感监测平台,可以实现对洪灾背景数据的准确可靠更新。

2.4.2.2 灾中监测

在洪水灾害减灾过程中,遥感监测平台可实现对水情、工情、灾情的实时监测。利用静止轨道卫星对洪水进行实时监测,叠合洪水多期影像,确定淹没范围;机载 SAR 用于全天候地监测洪水,近红外遥感可确定河流行洪的障碍物分布以及堤防决口的位置等。工情监测即对重点水利工程的监测,可利用无人机获取实时的高分辨率影像,迅速提取洪灾发生期间大部分工情信息,根据其趋势做出预警。

2.4.2.3 灾后评估

灾后评估包括洪水危险性评估和洪灾影响评估,即通过上文的洪水危险性指标和洪水影响指标对洪水灾害进行评估,通过卫星、无人机及地面多监测平台配合,实现灾害评估指标提取。表 2.4-4 列出了不同阶段超标准洪水的遥感监测方案。

表 2.4-4　　　　　　　　不同阶段超标准洪水的遥感监测方案

洪灾发生阶段	监测平台			监测数据及指标		
	天基	空基	地基	基础地理数据	洪水危险性指标	洪水影响指标
灾前	中/高分辨率卫星		地面测量	居民地、交通设施、工业及商服用地、水利工程、自然保护区、饮用水水源区		
灾中		无人直升机/旋翼无人机/固定翼无人机	地面测量		淹没水深、淹没范围、淹没历时	受淹房屋面积、受淹耕地面积、受淹工矿企业个数、受淹道路长度
灾后	静止卫星(高分四号);雷达卫星(高分三号);中/高分辨率卫星		地面测量		淹没水深、淹没范围、淹没历时	受淹房屋面积、受淹耕地面积、受淹工矿企业个数、受淹道路长度

2.5　超标准洪水遥感监测指标提取技术

超标准洪水遥感监测指标包括通过反映洪水灾害自然特征提炼出的洪水危险性指标和

洪水影响指标两大类,总体技术流程见图 2.5-1。

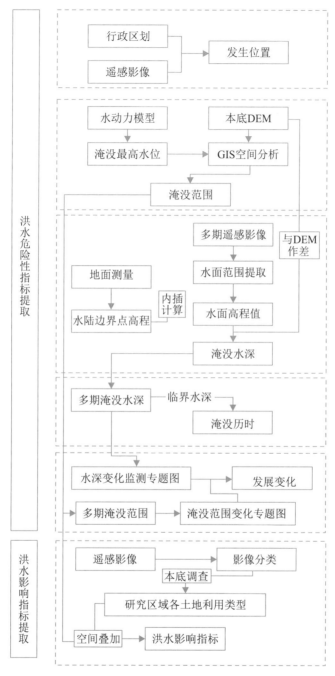

图 2.5-1 超标准洪水遥感监测指标提取技术流程

(1)超标准洪水发生的地理位置或区域

用经纬度或平面坐标、所属行政区划、所属水系等形式表示。经纬度或平面坐标可从遥感影像上直接提取坐标信息得到,所属行政区划、所属水系等可通过与行政区域矢量、水系矢量叠加分析得到。监测结果在遥感监测背景图上标注洪灾发生位置。

超标准洪水淹没范围的提取根据洪灾发生的不同阶段可分为淹没前预测与淹没后监测。淹没预测需要运用水力学模型确定洪水发生时的最高水位,在此基础上结合研究区域的数字高程模型,基于空间分析提取淹没范围因子。淹没后监测是通过对比淹没前后遥感影像水体范围提取淹没范围,实际上是遥感影像变化检测技术的实现,可以通过分类后比较或光谱直接比较两种方法来实现。其中光谱直接比较法需要先对不同时相的遥感影像进行几何配准和辐射校正,再通过逐像元比较,提取变化区域,进而得到洪水灾害淹没范围。

(2)超标准洪水淹没水深

洪水淹没水深指受淹地区的积水深度,是评估洪水灾害损失的一个重要因子。超标准洪水淹没水深计算以数字高程模型为基础,利用 GIS 空间分析功能,通过与淹没范围叠加来提取淹没水深数据,即水深由淹没区水面高程与地形共同决定。

(3)超标准洪水淹没历时

洪水淹没历时是反映洪水危险性时间特征的重要指标。在已知洪灾发生过程中水深序列值的前提下,通过定义临界水深,将超过临界水深的时间定义为淹没历时。

超标准洪水发展变化:采用遥感手段监测超标准洪水影像范围的变化、监测淹没水深等随时间的变化,可以反映洪灾的发展变化,以洪水灾害遥感水深变化监测专题图及淹没范围变化专题图来综合表达。

2.5.1　洪水危险性指标提取

首先对洪水危险性指标的遥感提取手段进行分析,根据洪水灾害所反映的不同自然特征,可分为空间特征指标、时间特征指标和严重程度特征指标。其中,空间特征指标包括洪灾发生位置和淹没范围;时间特征指标包括淹没历时和发展变化;严重程度特征指标主要是指洪灾的淹没水深。这些反映洪灾不同方面特征的指标是洪水灾害遥感监测的对象,同时也是进行灾情评估的基础。

2.5.1.1　基于光学影像的水体提取

在超标准洪水灾害监测中,淹没范围的获取是各项工作的基础,具体包括洪水水体提取和淹没面积的计算。基于遥感数据提取水体的主要方法包括目视解译法、图像分类法、波段运算法和综合法 4 种。

(1)目视解译法

根据遥感影像和数据资料,从中分析提取出所需要的地面目标的形态和性质,即遥感图像解译。目视解译是指专业人员通过直接观察或者借助判读仪器在遥感图像上获取特定目标地物信息的过程,是地学研究和遥感应用的一项基本技能。目视解译时,除了需要有遥感资料和地面实况资料外,解译者还需要有解译对象的基础理论和专业知识(图2.5-2),掌握遥感技术的基本原理和方法,并且有一定的实际工作经验,即把解译者的专业知识、区域知识、遥感知识及经验介入到图像分析中去,根据遥感图像上目标及周围的影像特征——色调、形状、大小、纹理、图形以及影像上目标的空间组合规律等,并通过地物间的相互关系,经过综合推理、分析来识别目标。目视解译的质量高低取决于人(解译人员的生理视力条件和知识技能)、物(物体的几何特性、电磁波特性)、像(图像的几何、物理特性)3个因素的统一程度。

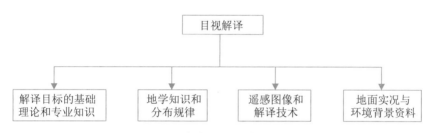

图 2.5-2   目视解译所需的知识与材料

常用的目视解译法主要有:直接判读法、对比分析法(包括同类地物对比分析法、空间对比分析法和时相动态对比法)、信息复合法、综合推理法和地理相关分析法等。在判读过程中,对于复杂的地物现象,解译员可综合运用各种解译方法来避免单一解译方法所固有的局限性,以提高最终的影像解译质量。

(2)图像分类法

图像分类法即首先利用各种分类方法对遥感影像进行分类,然后针对分类结果进行水体专题信息提取。主要包括监督分类法、非监督分类法、神经网络法等。

1)监督分类法。

监督分类法的基本思想是首先根据类别的先验知识确定判别函数和相应的判别准则,利用一定数量的已知类别样本的观测值确定判别函数中的待定参数,然后将未知类别的样本的观测值代入判别函数,再根据判别准则对该样本所属类别做出判定。可分为以下两个基本步骤。

①选择训练样本和提取统计信息。

a.收集有关分类区的信息,包括地图、航空相片或实地资料等,以了解该区主要的分类类别及分布状况。

b.对图像进行检查,对照已有的参照数据或者实地考察经验,评价图像质量,判定是否需要进一步的预处理,如地形纠正、配准等,并确定其分类系统。

c.在图像上对每一类别选择训练样本,训练样本必须是容易识别的,均匀分布于全图。其中,训练样本来源于实地收集和屏幕选择,每类地物的训练样本也要满足一定数量。

d. 对每一类的训练样本,显示和检查其直方图,计算和检查其均值、方差、协方差矩阵,以及其对应的特征空间相关波谱椭圆形图和不同的指示其分离度的统计指数等,从而评估其训练样本的有效性。

e. 根据上一步的检查和评估,修改训练样本,必要时可重新选择和评估训练样本。

f. 将训练样本的信息运用于合适的分类过程中。

②选择合适的分类算法。常用的有平行算法、最小距离法、最大似然法、马氏距离法、波谱角分类法、判别分析法、特征分析法、图像识别法等。

监督分类的优点是图像分类类别和训练样本的选择均可控,分类结果与实际地物也吻合较好,但工作量较大,且要求训练样本的选择具有典型性和代表性,因此适合于有先验知识时使用。另外,监督分类由于是纯粹以影像光谱特征为基础,而影像本身"同物异谱、同谱异物"现象的存在,往往会造成分类过程中较多错分、漏分情况的出现。

2)非监督分类法。

与监督分类法相比,非监督分类法不需要人工选择训练样本,仅需要极少的人工初始输入,计算机按一定规则自动根据像元光谱或空间等特征组成集群组,然后分析者将每个组和参考数据比较,将其划分到某一类别中去。常见的非监督分类法有 ISODATA、链状方法等。

因此,非监督分类法的主要优点是:无须对分类区域有广泛的了解,仅需要一定的知识来解释分类出的集群组;同时人为误差的机会减少。

然而,该方法也存在以下缺点:需要对结果进行大量分析及后处理,才能得到可靠的分类结果;另外各类别光谱特征随时间、地形等变化,导致不同图像间的光谱集群组无法保持其连续性,难以对比。

3)神经网络法。

神经网络法为近年在计算机图形领域兴起的图像识别算法。该方法具有并行处理、非线性、容错性、自适应和自学习的特点,被引入遥感图像分类中,为地物分类识别提供了一条新途径。

特别地,其应用于水体信息提取的方法是:将图像各波段数据作为神经网络的输入,将相应所属的类别作为神经网络的输出,选择样本来训练网络,然后用训练好的网络对各像元进行归类,提取其中水体像元的分布信息。

具体而言,本书采用多尺度特征金字塔结构的卷积神经网络模型,在多种尺度上提取影像的局部特征和全局特征;利用遥感影像历史解译结果构建数据库,并采用迁移学习思路,及时补充洪水区域最新解译结果到训练库中进一步提高模型解译精度,实现水体的快速准确解译。总体流程及水体智能解译结果分别见图 2.5-3 和图 2.5-4。

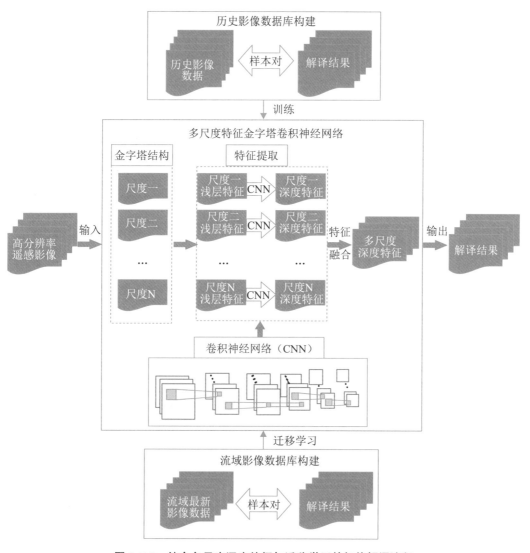

图 2.5-3 结合多尺度深度特征与迁移学习的智能解译流程

图 2.5-4 水体智能解译结果(红色线条为矢量边界)

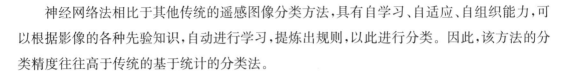

神经网络法相比于其他传统的遥感图像分类方法,具有自学习、自适应、自组织能力,可以根据影像的各种先验知识,自动进行学习,提炼出规则,以此进行分类。因此,该方法的分类精度往往高于传统的基于统计的分类法。

(3)波段运算法

目前,基于遥感影像波段运算的水体提取方法主要有单波段阈值法和水体指数法等。

1)单波段阈值法。

单波段阈值法是通过选择水体特征最明显的某一单波段数值作为判识参数,由阈值法来确定水体信息,即选择一个合适的临界阈值,将图像二值化(0—非水,1—水)。该方法主要是利用水体在近红外和中红外波段的强吸收特性,以及植被和土壤在这两个波段较高的反射特性。

2)水体指数法。

水体指数法是利用水体在遥感影像不同波段的光谱特性,通过一定的多谱段运行来增强影像中的水体信息,使得在增强图上水体指数高于非水体地物值,从而设定下限阈值来提取水体。目前常用的水体指数有归一化差异水体指数(NDWI)、改进的归一化差异水体指数(MNDWI)等。

其中,NDWI利用的是不同地物的光反映率特性:水体的光反射率从绿波段到中红外波段逐渐减弱,在近红外和中红外范围水体的吸收性最强,而植被反射率从绿波段到近红外波段逐渐增强,在近红外波段的反射率最强,因此采用绿波段和近红外波段构成比值提取模型,能在突出水体信息的同时抑制植被等背景地物信息。采用 NDWI 进行水体提取,计算公式如下:

$$NDWI = (Rg - Rn)/(Rg + Rn) > T$$

式中:Rg——绿波段反射率;

Rn——近红外波段反射率;

T——阈值。

改进的归一化差异水体指数(MNDWI),利用的是裸地、建筑物和城市等地物的反射率从绿波段到中红外波段逐渐增强,水体的反射率逐渐降低的特性。采用中红外波段代替近红外波段,水体的指数将增大,裸地、建筑物和城市等指数将降低,从而突出水体信息和抑制以裸地为代表的地物信息。采用 MNDWI 进行水体提取,计算公式如下:

$$MNDWI = (Rg - Rm)/(Rg + Rm) < T$$

式中:Rm——中红外波段反射率。

另外,由于水体在红光和近红外波段的辐射变化量最小,所呈现的颜色比较暗,与其他地物相比有比较明显的灰度差异,因此可以对植被指数影像设置阈值将水体提取出来,采取

归一化植被指数(NDVI)进行水体提取,计算公式如下:

$$NDVI = (Rn - Rr)/(Rn + Rr) < T$$

式中:Rr——红光波段反射率。

具体使用中,需要针对不同水体的实际情况进行选择。

对于深度较浅的水体,采用水体指数法效果最佳,单波段阈值法效果较差;对于深度较深的水体,效果较好的是植被指数法;对于含沙量较大,且有细小水体的水域,植被指数法和单波段阈值法效果差,水体指数法相对效果更好,尤其是对于细小水体的提取。

(4)综合法

上述各种水体提取方法均有其适用条件和限制条件的制约,往往只用一种方法很难将水体完全、准确地提取出来,需要几种方法综合使用,以得到满意的水体提取结果。

2.5.1.2　基于雷达影像的水体提取

相对于可见光/红外遥感,雷达遥感具有全天候、全天时的数据获取能力和对一些地物穿透的能力,这使其成为监测洪水灾害最为有效的遥感技术之一。多颗在轨运行的航天雷达卫星在时相上可以相互补充,从而对同一地区形成连续观测;灵活、机动的机载雷达系统可用于特殊情况下的快速监测,这些都从技术层面上保证了采用雷达监测洪灾的可能性与有效性。

对于雷达影像的水体提取,主要是基于微波范围内水体较低的后向散射系数。平坦水面在测试雷达影像上通常表现为黑色,与其他地物有着较为明显的区别。从图像处理的角度看,雷达影像水体提取过程,实际上就是图像分割中的"二值化"过程。因此,图像分割中的常用算法,即阈值法常常被用在雷达影像的水体提取上,而且全局最优阈值的确定,在很大程度上也提高了目前计算机水体识别的自动化水平。当前,微波遥感水体提取中阈值的确定,主要有经验法、试验法、双峰法、数理统计法等。

然而,基于 SAR 影像进行二值化水体提取存在以下问题。SAR 传感器的侧视特性对于建筑物或较高的植被存在雷达信号的遮挡效应,某些区域可能成为 SAR 卫星的视野盲区。此外,一些非淹没区域,如路边、屋顶和停车场,由于其表面粗糙度相对较低,在 SAR 影像会呈现与水体区域相似的特性,容易与水体混淆。水体提取结果以二值图的形式提供水体范围估计,但是它们并没有提供任何与像元分类相关联的不确定性的指示。在二值化的水体提取结果中,影像的每个像元被分类为水体或是非水体,而没有任何关于其状态不确定性的表征。对此,一个更有信息的替代方案是水体概率图。水体概率图也是一种水体提取结果。但是与常规二值化水体提取结果不同的是,在水体概率图中,任意给定像元的估计状态由连续范围[0,1]区间中的概率值表示,见图 2.5-5。

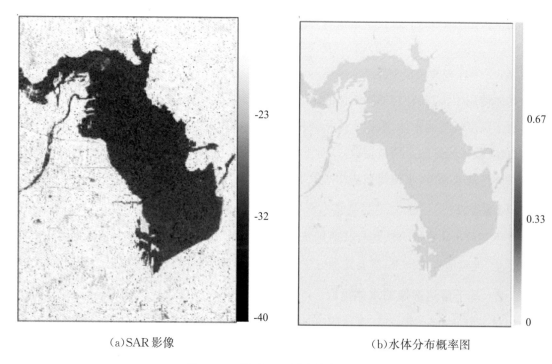

(a)SAR 影像 (b)水体分布概率图

图 2.5-5 基于 SAR 影像的水体提取

2.5.1.3 洪灾发生位置提取

洪灾发生的地理位置或区域,用经纬度/平面坐标、所属行政区划、所属水系等形式表示。经纬度/平面坐标可从遥感影像上直接提取坐标信息得到,所属行政区划、所属水系等可通过与行政区域矢量、水系矢量叠加分析得到。监测结果在遥感监测背景图上标注洪灾发生位置,见图 2.5-6。

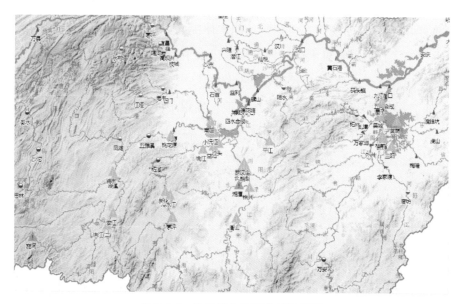

图 2.5-6 洪灾发生位置效果示意图

2.5.1.4　洪水淹没范围提取

超标准洪水淹没范围的提取,实际上是遥感图像变化检测技术的实现。目前基于遥感图像的变化检测方法主要有分类后比较法和光谱直接比较法两大类。

（1）分类后比较法

分类后比较法主要是对经过几何配准的两个(或多个)不同时相遥感图像分别做分类处理后,获得两个(或多个)分类图像,并逐个像元进行比较,生成变化图像。根据变化检测矩阵确定各变化像元的变化类型。超标准洪水淹没范围提取,就是对洪水前后遥感图像(图2.5-7)进行分类提取水体范围,然后进行洪水前后水面对比,提取洪水淹没区范围。

(a)灾前本底水体范围　　　　　(b)灾后淹没范围

图2.5-7　洪水前后水体范围对比

（2）光谱直接比较法

光谱直接比较法主要是对经过几何配准和辐射校正后的两个不同时相遥感图像,逐个像元进行比较,生成变化图像,进而提取洪水灾害淹没区范围。主要有图像代数法、波段融合法和变化向量分析法等。

2.5.1.5　洪水淹没水深计算

洪水淹没水深指受淹地区的积水深度,是度量洪灾严重程度的一个重要指标,是评估洪水灾害损失的一个重要因子。

洪水淹没水深计算通常以数字高程模型(DEM)为基础,利用GIS空间分析功能,通过与淹没范围叠加以获取淹没水深分布图,即水深由淹没区水面高程与地面高程共同决定。

基于高精度的DEM,通过遥感的方法使用较多的适合于较大范围的水深分布算法,即在水深范围已知的情况下,将水体视为静态水体,利用水面高程数据和地面高程模型来计算水深,见下式。

$$D = E_W - E_G (E_W \geqslant E_G)$$

式中:E_W——水面高程;

$\quad E_G$——地面高程;

$\quad D$——水深。

水面高程的获取有多种方式,可以通过激光测高仪来直接测定,或通过水文观测。这两种方法容易受天气条件和仪器自身条件的限制,同时数据计算的精确度不高。另外,还可以通过水文水力学的模型来模拟计算,该方法的计算量较大,算法复杂,很难适应于实时掌握灾情信息。因此,可借助网络 RTK(如 CORS 等)实现水陆边界点高程采集提取。

洪水表面可能是水平平面、倾斜平面甚至是一个复杂曲面。受地势和水深的影响,静态的自然水面应该是复杂的曲面,用方程描述很复杂,求解计算量也很大。因此,在计算淹没水深时,一般将曲面简化为平面。计算水面高程的首要工作是确定水面的范围与形态,即淹没范围的提取。利用遥感影像提取的淹没范围可能是不规则的,也可能是破碎的多个独立水面,故将水面简化为斜平面(包括水平面),通过叠加水体斜面的边界(即提取的淹没范围)和 DEM 即可得到洪水边界的高程点集,继而由水陆交界点高程向水面内部进行内插,便可求得离散的水面高程分布,由此计算淹没范围内的水深。

作业区域条件不允许时,则需要在观测区域附近用网络 RTK 做高程基准点,采集其 WGS84 高程,通过内业处理将高程值引测得水陆边界水面高程,减去区域高程异常值即可。

2.5.1.6　洪水淹没历时计算

淹没历时指受淹区域的积水时间,它是反映洪水危险性指标时间特征的重要指标。在已知水深过程的前提下,可定义临界水深(Δd),超过临界水深的时间定义为淹没历时。对于不同种类的受灾体或需设定不同的临界水深(图 2.5-8)。

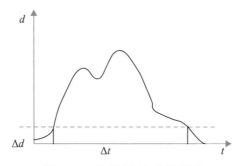

图 2.5-8　临界水深与淹没历时

淹没历时的获取方法主要有现场调查法、水文分析法、遥感监测法和模拟计算法等。遥感监测获取淹没历时主要是运用高时间分辨率的卫星资料,配合实时水情、工情指标,获取多时段的淹没状况,计算淹没历时。

2.5.1.7　洪水及洪灾发展变化监测

采用遥感手段监测超标准洪水影像范围的变化、监测淹没水深随时间的变化,可以反映洪灾的发展变化,成果以洪水灾害遥感水深变化监测专题图及淹没范围变化专题图来表达,见图 2.5-9。

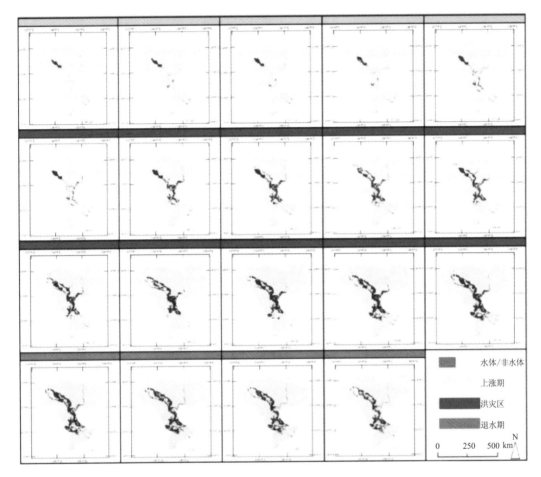

图 2.5-9　淹没变化专题图

2.5.2　洪水影响遥感监测指标提取

对洪水影响指标的监测包括对水利工程设施的监测,对受到影响的社会经济载体、生态环境载体的监测。遥感监测可实现的承灾体指标监测见表 2.5-1。承灾体遥感监测指标的提取分为本底调查和动态监测。

表 2.5-1　　　　　　　　　　　　　　　洪灾承灾体监测指标

监测对象	监测类别	监测指标
承灾体	社会经济载体	居民地
		房屋
		农作物

监测对象	监测类别	监测指标
承灾体	水利工程	堤防
		护岸
		水库
		渠道
		塘堰
	基础设施	铁路
		公路
		桥梁
	生态环境载体	林地
		草地
		湿地

2.5.2.1 洪水影响遥感监测指标本底调查

洪水影响遥感监测指标本底调查是洪灾遥感监测图像的处理、分析和信息提取的基础和依据。若洪灾本底数据库中的数据现势性好、内容齐备,从灾中的遥感数据得到洪灾的淹没范围后,在 GIS 系统进行多个数据层的空间叠加操作即可进行洪水影响指标的快速提取。

当前,洪灾本底调查的常用遥感数据有高分一号、高分二号、高分七号、高景系列、北京系列、资源一号、资源三号、Landsat、MODIS、SPOT 等。另外,航空遥感由于分辨率高、灵活性高,且不受时间限制,也是建设和更新洪灾背景数据库的一个重要途径。其中,MODIS 数据时间分辨率高达 6h,但其空间分辨率较低,主要可用于流域级别的超标准洪水的常规监测,以及进行大面积、粗分辨率的洪灾监测。资源系列、高分七号分辨率较高(优于 5m),且具有立体观测能力,可应用于更详细的地面资料的采集和更新,一般对应专题地图的比例尺可为 1:25000~1:50000。另外,更有潜力的数据源是高景系列、北京系列、IKONOS、Quickbird 和 Worldview 等卫星数据,这些高分辨率的遥感数据为采集更加详细和准确的洪水灾害背景数据,尤其是对重点保护对象的实时工情数据提供了可能。

洪灾本底调查的主要依据包括监测区域的地理要素图、遥感影像图、土地利用图等栅格和矢量数据以及经济、人口等社会统计数据等。

洪水影响遥感监测指标包括洪灾淹没区内的各种地物及其属性,如农田、工矿、居民地、道路、水库、堤岸、闸、行洪区、桥梁、铁路、公路、港口、机场等重点保护对象。在洪灾发生过程中,洪水影响遥感监测指标的信息提取是进行灾害损失动态评估和安排救灾、减灾方案的前提。洪水影响遥感监测指标的提取以前主要依靠专题地图和现场调查。但是专题地图数据往往没有较好的现势性,现场调查的方法费时费工,另外,在灾中也无法及时进行实地的现场调查。

遥感手段具有覆盖面大、更新速度快、现势性好等优势,利用遥感数据进行承灾体本底信息调查是有效手段。承灾体的识别和提取方法主要包括目视解译法、图像分类法。其中,目视解译法精度高,但是需要专家经验和较长时间。图像分类法包括监督分类、非监督分类、人工神经网络法等。其中人工神经网络法具有解决线性问题和非线性问题的包容性,是一种非参数方法,已被应用于灾中承灾体的快速识别和提取,此处采用多尺度特征金字塔卷积神经网络进行本底调查,实现居民地、工矿、农田、水库等多种地物类型的提取,以居民地为例的提取结果见图2.5-10。

图2.5-10 居民地智能提取结果(红色线条为矢量边界)

2.5.2.2 洪水影响遥感监测指标动态监测

相对于洪水影响遥感监测指标本底调查,洪水影响遥感监测指标动态监测是在灾中或灾后阶段中,对洪水影响遥感监测指标进行动态的分析和提取。因此,提取方法与本底监测类似。而其所基于的遥感数据源需要有高时效性,以满足超标准洪灾动态监测的需求。

当前,满足洪灾快速动态监测要求的卫星分为以下几类:中、高分辨率光学卫星有高分系列、高景一号、北京二号等,时间更新频次1~5d;为满足恶劣天气状况下的洪灾动态监测的主动式雷达卫星包括高分三号、哨兵一号、Radasat2和ALOS2等,更新频次从几天到十几天不等,可根据实际情况选择;国产高分四号为静止轨道卫星,根据需要调配使用时,影像更新频次可达20s一次(表2.5-2)。

表2.5-2　　　　　　　　　　　　洪灾动态监测数据源

类别	卫星	光谱类型	空间分辨率(m)	重访时间	幅宽(km)
静止卫星	高分四号	光学	50	20s	400
雷达卫星	高分三号	C波段	1~500	1.5d	10~650
	哨兵一号	C波段	5~40	12d	80~400
	Radasat2	C波段	3~100	1~24d	10~500
	ALOS2	L波段	3~100	2d	25~489.5
中分辨率光学卫星	高分一号	光学	2	4d	60~800
	高分六号	光学	2	2d	90~800
高分辨率光学卫星	高分二号	光学	0.8	5d	45
	高分七号	光学	0.8	/	20
	高景一号	光学	0.5	2d	12
	北京二号	光学	0.8	1d	24

2.6 示范应用

2.6.1 无人机超标准洪水监测技术应用

2019年8月初,选取三峡库区为试验区域,进行了无人机超标准洪水监测技术试验,形成了无人机超标准洪水监测技术方法体系。

2.6.1.1 技术路线

基于无人机遥感的超标准洪水监测方法为:首先利用无人机低空航摄技术,通过现场踏勘、航线设计、无人机航摄、像控点测量等技术手段获取航拍数据成果,并基于上述数据成果进行监测信息智能提取,加工为监测区域数字地表模型、三维地形,利用空间分析技术,量化监测目标指标信息,实现超标准洪水无人机监测(图2.6-1)。

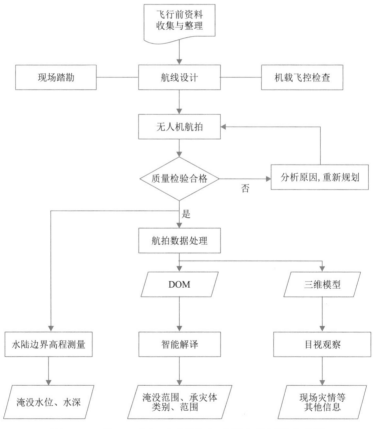

图 2.6-1 基于无人机遥感的超标准洪水监测技术路线

2.6.1.2 无人机低空航摄数据采集

无人机低空航摄数据采集分为现场勘探、航线设计、起飞前检查、无人机航摄、数据检查、像控点测量等步骤。

（1）现场勘探

对监测区域进行现场核查，确认监测区域坐标与监测范围，组织航飞人员进行现场踏勘，起飞前准备工作如下：

1）判断测区天气条件，确保云层分布及厚度、光照、空气能见度等各项因素满足航摄要求；

2）查看测区周边地理情况，估算地势高度、高差，以备后期选择合适的低空飞行方案及飞行路线，保证飞行安全；

3）在测区范围内选定合适的起降场地。

（2）航线设计

根据测图精度要求，综合考虑地形起伏、影像重叠度、分辨率等多方面因素，对测区进行无人机航线设计。

（3）起飞前检查

在进入飞行前，对无人机遥控器、电池、机载相机、GPS 定位检查和 GPS 控制等进行一系列检查，确认各项设备无误后，方可实施无人机起飞。

（4）无人机航摄

无人机航摄时需要监控飞行器的飞行状态及各项机载传感器的工作状态，以应对各种可能的突发事件，必要时须采取相应的应急措施，确保飞行过程的安全和飞行数据的质量。

（5）数据检查

飞行器着陆后，及时查看影像数据，检查影像的以下参数是否满足预设要求：包括影像数、航带数、重叠度、影像质量等，对影像的云层覆盖情况进行抽样检查。

（6）像控点测量

此次测量区域一般呈不规则形状，因此采用区域网布设像控点。像控点的布设综合考虑成图精度、地面分辨率要求、测区地形特点等多种因素。为提高像控点的加密精度，可在区域网的两端和中部位置增加平高控制点，同时在区域中间选定检查点。采用 RTK 方式测量像控点坐标。

2.6.1.3 数据处理

基于无人机获取的影像，采用无人机专用近低空摄影测量系统，通过"云控"摄影测量方法，并采用光束法平差进行空三加密，生成高精度点云。对点云数据采用自动滤波或人机交互编辑，生成测区数字地表模型、数字正射模型、三维倾斜模型，作为测区监测基本空间数据，为下一步的监测信息提取提供依据。

2.6.1.4 监测信息提取

根据监测目标类型的不同，监测指标也不尽相同。无人机可覆盖的超标准洪水监测指标主要包括：淹没水位、淹没水深、淹没范围、承灾体类别、承灾体范围、现场灾情等其他信息。监测信息提取的方式可分为以下 3 类：

（1）智能解译

以基于无人机低空航摄处理生成的高清正射影像为底图，采用智能解译方式提取图斑，获取淹没范围、承灾体面积、承灾体类别等信息。

（2）目视观察

结合高清正射影像、倾斜模型等数据成果，采用目视观察的方法得到现场灾情等信息。

（3）数字地表模型计算

基于数字地表模型，量取得到淹没水位；结合洪灾地区历史高程信息，计算得到淹没水深。

2.6.1.5 试验情况

试验区域位于三峡库区重点库岸段，地理位置为东经 107°23′19″、北纬 29°43′14″。正常情况下，三峡库区最高水位线为 175m，此次超标准洪水监测试验选取 230m 水位线淹没范围为监测范围。

2.6.1.6 无人机数据采集

对监测区域进行资料收集整理、现场踏勘，针对研究区域地形地貌，按照地面分辨率 10cm、航向重叠度 80％、旁向 60％的参数要求进行航线设计，见图 2.6-2。

图 2.6-2 航线规划图

2.6.1.7 水陆边界点高程测量

采用 RTK 结合 CORS 系统完成水陆边界点的高程测量。

2.6.1.8 数据处理

无人机航行耗时 46min，共采集 328 张影像。采用专业无人机影像处理软件进行监测区域正射影像(图 2.6-3)生产。采用一般配置电脑,数据处理步骤耗时约 1h。

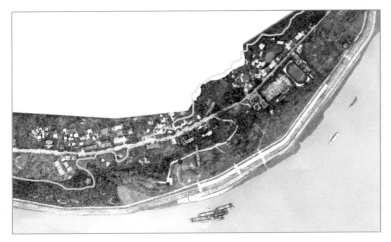

图 2.6-3 监测区域正射影像(图中蓝线为 232m 水位线)

2.6.1.9 监测信息提取

(1)洪水水体

水面高程为水陆边界采集的水面瞬时 WGS84 高程,再减去该区域高程异常值可得到水面高程值,计算值为 150.18m(吴淞高程)。与当日水利部门公布的水面高程值相比,误差为 0.24m。

(2)承灾体

在监测区域 DOM 成果的基础上,进行超标准洪水监测指标的提取。共提取 7 类承灾体,分别为耕地、林地、草地、住宅、道路、公共基础设施、水利工程,结果见图 2.6-4。其中,耕地占地面积约 12.4 万 m^2,房屋占地面积为 2.9 万 m^2。

图 例
耕地
林地
草地
住宅
道路
水利工程
公共基础设施

图 2.6-4 承灾体提取结果

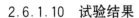

2.6.1.10　试验结果

本次试验对局部区域的超标准洪水开展了无人机监测,针对洪水水体以及承灾体等监测指标进行了监测提取。本次试验共耗时约 3h,从试验结果可以看出,基于无人机的监测信息精准直观、监测手段快速有效,极大地提高了监测效率的同时,也为决策部门争取了宝贵的时间,对于突发应急事件的处理,将发挥不可估量的作用。

2.6.2　超标准洪水灾害监测示范应用

2020 年 8 月中下旬,受强降雨影响,长江上游多流域多江段集中发生超标准洪水,8 月 17 日,长江 2020 年第 5 号洪水在长江上游形成。为了掌握三峡库区及其上游重庆地区洪水淹没影响情况,对 2020 年长江防汛应急开展了天空地协同监测及淹没影响分析技术的应用。

2.6.2.1　超标准洪水天空地协同监测

为了多维度掌握洪水实际影响区域情况,基于天空地协同超标准洪水灾害监测体系架构,对三峡库区及上游重庆地区开展了天空地协同监测。具体地,利用天基卫星采集受灾区域大尺度全覆盖遥感影像,作为流域级洪灾影响分析的基础;以低空无人机遥感技术开展重点断面区域超标准洪水监测;另外,配合地面测量手段完成淹没水位等监测数据的动态跟踪,作为天基及空基监测的补充。

2.6.2.2　淹没影响区域预测

在洪峰到达前,为了评估此次超标准洪水对土地征用线以上范围的淹没影响,基于一维水动力模型水面线计算成果和研究区域 2008 年 1∶10000 DEM 数据,利用 GIS 空间分析技术,开展了洪峰对三峡库区及上游重庆段的淹没影响范围分析,结果见图 2.6-5。预测此次洪水淹没土地征用线以上范围涉及渝中区、江北区、南岸区、九龙坡区、大渡口区、江津区、渝北区、巴南区、长寿区、涪陵区等 10 个区(县),面积共约 $15km^2$。

2.6.2.3　监测指标提取

此次超标准洪水的应急重点监测指标包括实时淹没水位、土地征用线以上淹没范围、淹没面积、承灾体数量及面积等。利用洪灾发生前最新的覆盖监测区域的卫星影像和洪灾发生现场无人机航飞采集的影像数据,采用基于多尺度特征金字塔结构的卷积神经网络模型提取监测区域内的房屋、耕地、水利设施、交通及林地、草地等土地利用类型;淹没水位采用 RTK 现场测量水陆边界点高程值的方式获取。

2.6.2.4　淹没影响分析

将淹没范围、土地利用类型图层和行政区图层进行 GIS 空间叠加,统计各行政区内的各项洪灾监测指标数据,得到各区(县)各类监测指标淹没影响数据,见图 2.6-6。

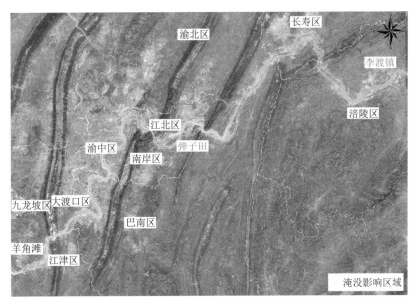

图 2.6-5　长江上游 2020 年洪水影响区域预测

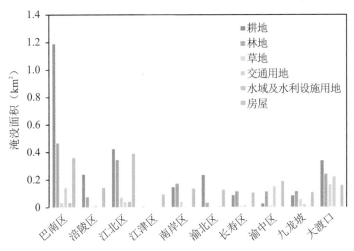

图 2.6-6　各行政区各地类淹没面积

2.6.2.5 淹没影响因素分析

根据现场监测情况,预测淹没影响与实际发生情况总体一致,部分区域差异较明显,存在的差异主要受到以下几个方面的影响。

(1)地形地貌变化的影响

实际地形与预测淹没使用的地形状况已发生变化,导致淹没影响范围改变。见图 2.6-7,2008 年至今,该处经历明显开挖,导致 5 号洪峰过境时淹没面积增加。

(2)堤防工程建设的影响

沿江堤防或挡墙的修建,较为显著地减少了淹没影响,见图 2.6-8。

（3）实际水位与预测水位不一致的影响

实际水位高于预测水位，使得淹没影响增大。在地形变化平缓、无堤防防护的区域尤为明显，见图 2.6-9（该处实际水位 183.50m，预测水位 181.81m）。

（a）2009 年 8 月

（b）2018 年 1 月

（c）2020 年 3 月

（d）2020 年 8 月

图 2.6-7　地形地貌变化的影响（红线为预测淹没线）

图 2.6-8　堤防工程建设的影响

图 2.6-9　实际水位与预测水位不一致的影响

（4）土地征用线下建设影响

在现场监测中发现,部分区域土地征用线下有成规模的工程建设,增加了淹没损失影响,见图2.6-10。

图 2.6-10　土地征用线下建设影响

2.7　小结

针对不同空间尺度超标准洪水监测需求,对国内外主流洪灾卫星监测平台、无人机监测平台、地面监测平台进行了系统性梳理及研究,明确了各平台的特点及关键性技术指标,为构建面向超标准洪水的天空地协同监测平台提供了技术依据和支撑。

为了能够有效地监测评估洪水灾害,在综合考虑洪灾的自然、社会经济和环境影响3个方面因素的前提下,结合遥感监测能力,提出了超标准洪水遥感监测指标体系,包括洪水危险性监测指标和洪水影响指标。

应用卫星遥感、低空遥感及地面移动监测等天、空、地多层次高精度数据采集、监测手段,针对超标准洪水应急监测需求,提出了超标准洪水天空地协同监测体系架构,并提出了在不同天气状况及时效性要求下的流域、区域、局部不同空间尺度超标准洪水的监测方案,以及超标准洪水发生前、发展中、发生后的监测方案,对于流域超标准洪水监测具有指导意义;另外对于其他突发灾害的应急调查、预警、分析评估、决策咨询等也具有一定的借鉴意义。

基于天空地协同灾害监测体系获取的多源多维数据,研究了面向洪水灾害监测指标的遥感提取方法,提出了洪水危险性指标和洪水影响指标等的遥感提取技术方案。

以三峡库区重点库岸段为试验区,采用遥感与地理信息空间分析技术结合,研究基于无人机超标准洪水监测指标以及监测信息获取方法,构建无人机超标准洪水监测技术体系,快速获取监测范围内高精度的正射影像图和数字高程模型成果,从而有效分析洪灾淹没范围、淹没水深、受灾对象类型及面积等灾情信息。结果表明:基于无人机的超标准洪水应急监测效率高,信息精确直观、监测手段快速有效,能满足应急监测频率高、成效快的需求,为防汛应急救灾工作提供了有力的技术支撑。

以 2020 年长江洪水为案例,基于天空地协同的超标准洪水监测体系,应用超标准洪水灾害监测指标提取技术方案,开展了三峡库区淹没影响范围预测及淹没影响分析。试验结果表明,该技术实现了对洪水淹没范围较准确的预测和淹没指标的快速提取,有效缩小了防灾范围,为制定抢险救灾最佳方案提供了快速准确直观的数据支撑,提高了灾情应急处理能力和效率。

第3章 不同空间尺度超标准洪水灾害评估理论及方法

3.1 超标准洪水灾害评估理论基础

尽管长期以来洪水往往与灾害连在一起,但实际上洪水是自然界中水流运动的一种现象,是地球上水资源循环运动中重要的表现形式之一。流域超标准洪水为超过防洪工程体系现状防御能力的洪水或风暴潮;对于防洪能力达到或超过规划防洪标准的河流或河口沿海地区,则指超过规划防洪标准的洪水或风暴潮。当洪水涨落的变幅与淹没的范围超出一定限度,对人的生命、财产构成威胁甚至造成损害时,即形成洪水灾害。

早期的防洪策略以控制洪水为主,即从控制洪水的危险性角度出发,通过提高防洪标准,从而避免受保护对象被淹。事实上,防洪工程的防洪标准是有限的,且防洪工程存在险工隐患,因此防洪工程是否安全存在一定的风险,而且考虑到成本效益等因素,防洪工程不能也不可能一味地加高。在意识到继续提高工程保护标准的局限性后,全球许多国家陆续提出洪水管理,洪水管理是在控制洪水危险性的基础上,同时针对承灾体的暴露度进行管理,通过洪水风险区划、土地利用管理等方式降低可能受淹区域内的资产分布等,从而降低承灾体的暴露度。然而,气候变化可能导致强降雨事件更加频繁地发生,在此情况下,一些资产分布密集的区域也存在被淹的风险,因此需要增加这些区域内承灾体的韧性。从这个角度来说,洪水韧性管理是在控制洪水危险性与承灾体暴露度的基础上,再增加对承灾体脆弱性的管理(图3.1-1),从而真正实现洪水风险管理。俞茜等提出了狭义洪水韧性和广义洪水韧性。狭义洪水韧性是针对单一承灾体而言的,如排水管网、泵站、住房、供电设施等承灾体在遭受洪水时先受损再恢复的过程,若承灾体受损程度小且恢复过程快,则该承灾体韧性较强,反之,则韧性较弱。广义洪水韧性则是针对系统整体而言的,如以城市作为一个系统研究,则其洪水韧性体现在城市应对洪涝的预防、准备、响应、应急、重建等各个阶段。因此,在进行洪水韧性城市评价时,应该从城市系统的各项组成部分进行评价,包括基础设施韧性、经济韧性、社会韧性、环境韧性、组织韧性等。

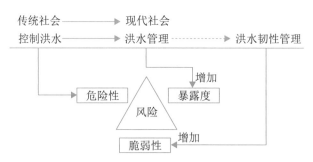

图 3.1-1　洪水管理策略的演变

超标准洪水灾害评估,一方面应考虑淹没范围等超标准洪水危险性,另一方面也要考虑所有可能受到超标准洪水影响的各类承灾体的后果。由于超标准洪水的淹没范围更广、危险性更高,因此可能受影响的承灾体范围和类别更加广泛。例如,防洪工程作为城市防灾体系的一部分,既是防灾力,也是承灾体。此外,超标准洪水对于自然保护区等生态环境敏感区也可能造成负面影响。而且现代社会由于城市防洪排涝设施的建设落后于城镇化发展的速度,通信、供电、供水等生命线工程自身的薄弱环节较多,因此一旦洪涝成灾,易出现灾害的连锁反应,导致洪水影响范围远大于淹没范围,间接损失所占比例大幅提高。综上,梳理并绘制了流域超标准洪水的灾害链(图 3.1-2),灾害链中包含了超标准洪水流经人群活动区以及生态环境敏感区后,造成淹没范围内的房屋、农业、工商业、水利工程、交通、供水被损坏等直接影响,以及造成人员伤亡等社会影响和饮用水水源区被污染等生态环境影响,同时上述直接影响又会进一步导致地域范围以外等波及性间接影响。

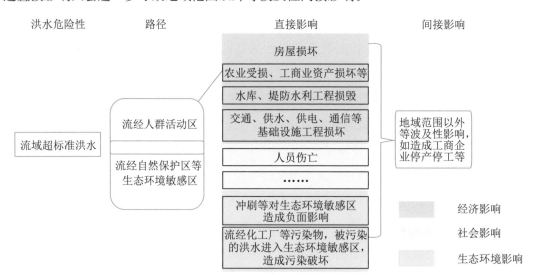

图 3.1-2　流域超标准洪水灾害链

本书将韧性理念引入超标准洪水灾害评估,将超标准洪水灾害定义为超过防洪工程体系现状防御能力或者超过规划防洪标准的洪水或风暴潮对人的生命、财产、生态环境敏感区等构成的威胁或造成的损害。而在评估超标准洪水灾害时,则同时考虑了承灾体或者城市/

社会系统在应对超标准洪水时的恢复能力,即从超标准洪水的危险性与各类承灾体在面对超标准洪水时的受损程度及其恢复能力等方面,全过程覆盖从流域超标准洪水形成至灾后恢复的各个阶段,见图 3.1-3。

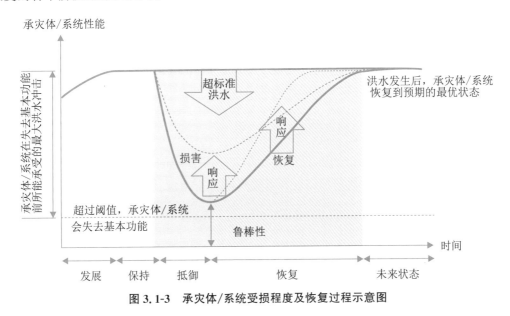

图 3.1-3　承灾体/系统受损程度及恢复过程示意图

3.2　不同空间尺度超标准洪水灾害评估指标体系构建

3.2.1　指标体系构建目标和思路

基于 3.1 节提出的超标准洪水灾害链及超标准洪水灾害风险定义,在构建超标准洪水灾害评估指标体系时,依据前述的超标准洪水事件发生的可能性及其可能产生的不利影响(后果)构建指标体系,并在此基础上,考虑承灾体/系统的恢复能力,从而反映超标准洪水对各类承灾体的损害及损害程度(图 3.1-3),以及受淹区域从超标准洪水灾害破坏的影响中恢复过来的全过程。因此,从洪水危险性、综合后果影响和恢复力 3 个方面识别指标,形成较为完整的指标体系结构。其中,综合后果影响指标反映各类承灾体受超标准洪水影响的受损程度,而恢复力指标则反映承灾体/系统从超标准洪水灾害破坏的影响中恢复的过程。

在进行超标准洪水灾害指标体系设计时,除了遵循通用性、科学性、可操作性、代表性等原则之外,针对超标准洪水灾害特点,还重点考虑以下几个方面因素:

1)指标体系具有层次性,由宏观到微观层层深入,形成一个综合性评价体系,既包括危险性指标,又包括超标准洪水造成的综合后果影响指标以及承灾体/系统恢复力指标。综合后果影响指标既包括以人为评估对象的社会影响指标,以资产为评估对象的经济影响指标,还包含以生态环境为评估对象的生态环境影响指标。

2)所选指标的完备性,指标体系以超标准洪水灾害为核心,具有完备性,如经济影响指标既包含受淹地物指标,又包含经济损失指标。此外,考虑到超标准洪水洪量大等特点,还要考虑洪水可能会冲刷生态环境敏感区的生态环境影响指标。完备的指标,一方面能够全面反映超标准洪水灾害的严重程度,另一方面又具有一定的适应性,在面向评估对象、资料和技术条件不同的情况下,都能在指标体系中选取具有操作性的指标来表征超标准洪水灾害。

3)所选指标含义明确,便于获得和应用。

4)所选指标尽量可定量化或者半定量化,能够直接或间接反映超标准洪水灾害的大小,并且大部分指标都可空间化,能够反映超标准洪水灾害的空间分布特征。

3.2.2 指标体系结构

采用检查表法、头脑风暴法和事件树法等方法,从洪水危险性、后果影响、恢复力 3 个方面识别超标准洪水灾害的评估指标,其中,后果影响综合考虑社会影响、生态环境影响和经济影响 3 个方面。

(1)洪水危险性

包含洪水或降雨发生频率、淹没水深、淹没历时、到达时间、洪水流速等指标,是表征超标准洪水在淹没区域危险程度的重要指标。

(2)后果影响

包括社会影响、生态环境影响和经济影响。其中,社会影响为超标准洪水造成的人员伤亡以及人员转移等;生态环境影响为超标准洪水冲毁化工厂等污染源导致水体被污染从而影响洪水淹没范围内受保护的自然保护区等受保护对象,或者是由于超标准洪水直接冲刷导致受保护对象被破坏;经济影响则反映的是洪水对当地经济造成的损失或者影响,一方面可以通过统计受洪水淹没的实物量来表示,如受淹居民地面积、受淹耕地面积、受淹道路长度以及受淹厂矿个数等,另一方面也可用考虑了各类受淹资产的价值以及其脆弱性后折算出的洪灾经济损失来表示。

(3)恢复力

反映灾后受超标准洪水影响的各类承灾体或者社会系统从超标准洪水灾害中恢复的能力。

3.2.3 不同空间尺度指标体系构建

根据评估目的、资料详细程度以及时效性等具体情况,构建了局部、区域和流域 3 种不同空间尺度的超标准洪水灾害评价指标体系(图 3.2-1 至图 3.2-3)。该指标体系包含洪水危险性指标集、后果影响指标集以及恢复力指标集。

3.2.3.1 局部尺度超标准洪水灾害评估指标体系

图 3.2-1 为构建的局部尺度超标准洪水灾害评估指标体系,指标体系综合考虑了洪水

危险性、后果影响以及恢复力等3个方面,共包含了33个评估指标,其中,后果影响指标又综合考虑了社会影响、经济影响和生态环境影响。表3.2-1中明确了不同指标的评估方法,根据实际情况,可以采用数值模型模拟、基于遥感的监测手段、数据统计等方法进行评估。

表3.2-1仅列示了比较常用的基本指标,实际工作中也有经过公式推导得到的其他表征指标。在具体应用过程中,部分指标可能会有更具体、更细致的分类。总之,在具体的指标选用时应根据评价的区域、评价的对象、评价的目的、指标的可获取性等方面综合确定。

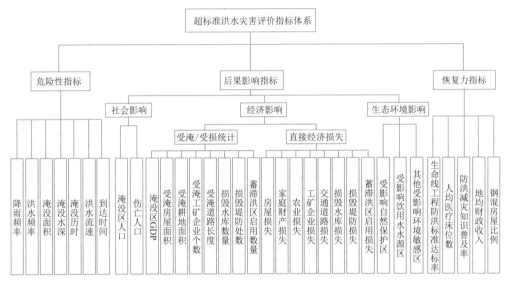

图 3.2-1　局部尺度超标准洪水灾害评估指标体系

主要指标及其具体含义如下:

(1)危险性指标

用降雨频率、洪水频率、淹没面积、淹没水深、淹没历时、洪水流速、到达时间等指标反映超标准洪水对淹没区域造成的危险性。

(2)社会影响指标

淹没区人口、伤亡人口指超标准洪水淹没范围内的人口数量或者超标准洪水造成的伤亡人口数量。

(3)经济影响指标

1)受淹/受损统计。超标准洪水淹没范围内的GDP、房屋面积、耕地面积、工矿企业个数、道路长度等,以及损毁的堤防、水库和启用的蓄滞洪区数量。

2)直接经济损失。超标准洪水造成的淹没区房屋损失、家庭财产损失、农业损失、工矿企业损失、交通道路损失、水利工程损失、交通、供水、供电等直接经济损失的总和。

(4)生态环境影响指标

受影响自然保护区、受影响饮用水水源区和其他受影响环境敏感区等指标反映超标准洪水对淹没范围内的自然保护区、饮用水水源区等生态环境敏感区造成的冲刷或被污染等影响。

表 3. 2-1　　　　　　　　　　　局部尺度超标准洪水灾害评估指标体系

序号	1级指标			2级指标	单位	确定方法
1	危险性			降雨频率	/	水文统计
2				洪水频率	/	水文统计
3				淹没面积	km²	数值模型模拟/基于遥感的监测手段
4				淹没水深	m	数值模型模拟/基于遥感的监测手段
5				淹没历时	h	数值模型模拟
6				洪水流速	m/s	数值模型模拟
7				到达时间	h	数值模型模拟
8	后果影响	社会影响		淹没区人口	人	空间叠加,数据统计
9				伤亡人口	人	空间叠加,数据统计
10		经济影响	受淹/受损统计	淹没区 GDP	亿元	空间叠加,数据统计
11				受淹房屋面积	km²	空间叠加,数据统计
12				受淹耕地面积	km²	空间叠加,数据统计
13				受淹工矿企业个数	个/座	空间叠加,数据统计
14				受淹道路长度	km	空间叠加,数据统计
15				损毁水库数量	座	空间叠加,数据统计
16				损毁堤防处数	处	空间叠加,数据统计
17				蓄滞洪区启用数量	座	数据统计
18			直接经济损失	房屋损失	亿元	承灾体损失率曲线
19				家庭财产损失	亿元	承灾体损失率曲线
20				农业损失	亿元	承灾体损失率曲线
21				工矿企业损失	亿元	承灾体损失率曲线
22				交通道路损失	亿元	承灾体损失率曲线
23				损毁水库损失	万元	承灾体损失率曲线
24				损毁堤防损失	万元	承灾体损失率曲线
25				蓄滞洪区启用损失	亿元	数据统计
26		生态环境影响		受影响自然保护区	/	洪水的生态环境影响评估法
27				受影响饮用水水源区	/	
28				其他受影响环境敏感区	/	
29	恢复力			生命线工程防洪标准达标率	%	数据统计
30				人均医疗床位数	张/万人	数据统计
31				防洪减灾知识普及率	%	数据统计
32				地均财政收入	亿元	数据统计
33				钢混房屋比例	%	数据统计

（5）恢复力指标

1）生命线工程防洪标准达标率。通信、供气、供电、供水系统以及公路、铁路等防洪标准的达标率。

2）人均医疗床位数。可能受超标准洪水影响区域的人均医疗床位数。

3）防洪减灾知识普及率。可能受超标准洪水影响区域的常住人口的防洪减灾知识普及率。

4）地均财政收入。超标准洪水淹没所在区域的地均财政收入。

5）钢混房屋比例。超标准洪水淹没范围内的钢混房屋占所有房屋的比例。

3.2.3.2 区域尺度超标准洪水灾害评估指标体系

图 3.2-2 为构建的区域尺度超标准洪水灾害评估指标体系，共包含洪水危险性、后果影响以及恢复力等 3 个方面 30 个评估指标。表 3.2-2 中明确了不同指标的评估方法，根据实际情况，可以采用数值模型模拟、基于遥感的监测手段、数据统计等方法进行评估。主要指标及其具体含义参见 3.2.3.1 节。

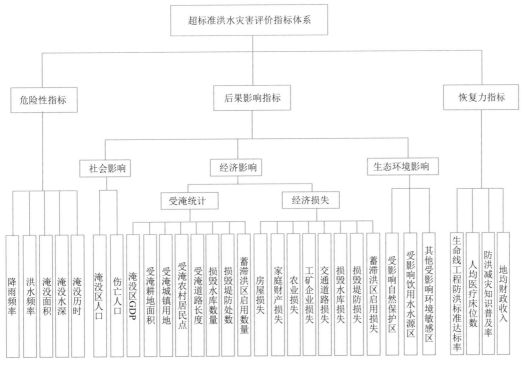

图 3.2-2　区域尺度超标准洪水灾害评估指标体系

表 3.2-2　　　　　　　　　　　区域尺度超标准洪水灾害评估指标体系

序号	1级指标			2级指标	单位	确定方法
1	危险性			降雨频率	/	水文统计
2				洪水频率	/	水文统计
3				淹没面积	km²	数值模型模拟/基于遥感的监测手段
4				淹没水深	m	数值模型模拟/基于遥感的监测手段
5				淹没历时	h	数值模型模拟
6	后果影响	社会影响		淹没区人口	人	空间叠加,数据统计
7				伤亡人口	人	空间叠加,数据统计
8		经济影响	受淹/受损统计	淹没区 GDP	亿元	空间叠加,数据统计
9				受淹耕地面积	km²	空间叠加,数据统计
10				受淹城镇用地	km²	空间叠加,数据统计
11				受淹农村居民点	km²	空间叠加,数据统计
12				受淹道路长度	km	空间叠加,数据统计
13				损毁水库数量	座	空间叠加,数据统计
14				损毁堤防处数	处	空间叠加,数据统计
15				蓄滞洪区启用数量	座	数据统计
16			经济损失	房屋损失	亿元	各类土地利用类型损失率曲线
17				家庭财产损失	亿元	各类土地利用类型损失率曲线
18				农业损失	亿元	各类土地利用类型损失率曲线
19				工矿企业损失	亿元	各类土地利用类型损失率曲线
20				交通道路损失	亿元	各类土地利用类型损失率曲线
21				损毁水库损失	万元	承灾体损失率曲线
22				损毁堤防损失	万元	承灾体损失率曲线
23				蓄滞洪区启用损失	亿元	数据统计
24		生态环境影响		受影响自然保护区	/	空间叠加,数据统计
25				受影响饮用水水源区	/	
26				其他受影响环境敏感区	/	
27	恢复力			生命线工程防洪标准达标率	%	数据统计
28				人均医疗床位数	张/万人	数据统计
29				防洪减灾知识普及率	%	数据统计
30				地均财政收入	亿元	数据统计

3.2.3.3　流域尺度超标准洪水灾害评估指标体系

　　图 3.2-3 为构建的流域尺度超标准洪水灾害评估指标体系,指标体系综合考虑了洪水危险性、后果影响以及恢复力等 3 个方面共 10 个评估指标。其中,后果影响指标综合考虑了社会影响、经济影响和生态环境影响。表 3.2-3 中明确了不同指标的评估方法,根据实际情况,可以采用数值模型模拟、基于遥感的监测手段、数据统计等方法进行评估。主要指标

及其具体含义参见3.2.3.1节。

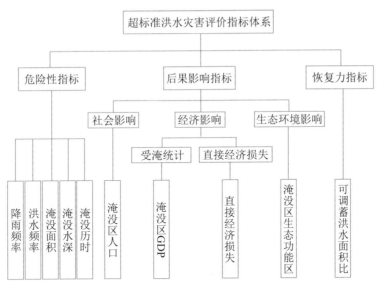

图 3.2-3　流域尺度超标准洪水灾害评估指标体系

表 3.2-3　　　　　　　　　　流域尺度超标准洪水灾害评估指标体系

序号	1 级指标			2 级指标	单位	确定方法
1	危险性			降雨频率	/	水文统计
2				洪水频率	/	水文统计
3				淹没面积	km²	数值模型模拟/基于遥感的监测手段/基于历史数据统计分析
4				淹没水深	m	数值模型模拟/基于遥感的监测手段/基于历史数据统计分析
5				淹没历时	h	数值模型模拟
6	后果影响	社会影响		淹没区人口	人	空间叠加,数据统计
7		经济影响	受淹统计	淹没区 GDP	亿元	空间叠加,数据统计
8						
9			直接经济损失	直接经济损失	亿元	面上综合损失法
		生态环境影响		淹没区生态功能区	km²	空间叠加,数据统计
10	恢复力			可调蓄洪水面积比	%	数据统计

2 级主要指标及其具体含义如下:

(1)降雨频率、洪水频率、淹没面积、淹没水深、淹没历时

反映超标准洪水的危险性。

（2）淹没区人口、淹没区 GDP

超标准洪水淹没范围内的人口数量以及 GDP。

（3）直接经济损失

超标准洪水造成的淹没区农业、工商业损失，水利工程损失，以及交通、供水、供电等直接经济损失总和。

（4）淹没区生态功能区

超标准洪水淹没范围内生态功能区等生态环境敏感区面积或者数量。

（5）可调蓄洪水面积比

可调蓄洪水面积在研究区面积内的占比。

3.3 不同空间尺度超标准洪水灾害评估方法

3.3.1 局部尺度评估方法

局部尺度的洪灾损失评估是指能够较为细致、透彻地分析洪涝损失影响因素的一种评估模式。首先通过调查历史上已经发生过的洪水或者采用水文水力学模拟的方法确定不同频率洪水条件下洪泛区的洪水要素，如淹没范围、淹没水深、淹没历时、流速、洪水到达时间等。洪水数值模拟的基本原理是通过求解描述水流运动规律的圣维南方程组而获取洪水的动态过程，可以得到计算网格的水深、流速等指标，具有相当高的精度。

与高精度的洪水要素相配套，社会经济数据采集的行政单元无疑越小越好。我国现行统计体系中社会经济数据采集的最小行政单元在农村地区细至乡镇一级，城市地区细至街道。在局部尺度的实际评估工作中，如果条件允许，常以统计部门颁布的统计资料为基础，配以漏缺项目的专项调查，并将调查单元细化到自然村或街区。

不同的社会经济门类洪水损失特性互有差异，为了与洪灾损失率分析相配合，保证评估结果的可靠性与准确性，在局部尺度的损失评估中社会经济门类的划分体系要层次分明，细致全面。目前，较多沿用统计部门通用的社会经济分类，分为家庭、农、林、牧、渔、工业、建筑业、餐饮服务业等一级分类，在有条件的局部区域可将工业部门细分为冶金、电力、煤炭、石油、化工、机械等行业，对每个行业又按企业规模（大、中、小）、经营性质（国营、集体、个人）或损失种类（固定资产、流动资产、利税管理）再加以细分，从而对全社会各类财产建立一个完整的层次体系结构，与损失评估结果中的类别相对应。

水情要素信息与社会经济统计信息的空间定位是真实、客观评估洪水灾害的前提，基于 GIS 技术能够准确反映与地理坐标相对应的属性变量在空间分布上的差异，便于进行洪灾自然和社会特征的空间分析以及两者之间的信息复合。在局部尺度损失评估中，地理数据的比例尺不应小于 1:10000，同时土地利用的图层信息要与详尽的社会经济分类相对应。

承灾体脆弱性分析是洪水灾害损失评估的关键,通常用洪灾损失率表征承灾体的洪水脆弱性,它与灾区地形地貌、经济状况、淹没程度、上次洪水到本次洪水的时间间隔、洪水过程线的变化特性、预报期、抢救情况、指挥组织等因素有关。但对于一个确定的地区而言,影响洪灾损失率的首要因素是淹没程度。在确定洪灾损失率时,首先根据财产类别、性质,分别建立长系列的损失率数据库,然后根据历史洪灾抽样调查资料和经济资料,建立洪灾损失率与淹没深度、时间、流速等因素的相关关系,绘制相关曲线或通过多元回归分析建立回归方程,其他因素可在具体研究背景下作为洪灾损失率的修正因素考虑。

局部尺度损失评估模式对资料的要求比较高,计算量大。近年来由于计算机技术的发展,计算速度迅猛提高,局部尺度的损失评估越来越显示出其优越性。它精度高、信息量全面的特点使其在评价城市、重点防洪区的洪灾损失时成为最理想的途径和方法。

3.3.1.1 局部尺度损失评估技术流程

局部尺度损失评估技术流程见图 3.3-1。

1)根据数值模型模拟计算确定洪水淹没范围、淹没水深、淹没历时等致灾特性指标,若遥感监测手段可以提供精细的洪水淹没数据,也可以基于遥感的监测手段来获取相关洪水危险性数据。

2)搜集社会经济调查资料、社会经济统计资料以及空间地理信息资料,并将社会经济统计数据与相应的空间图层建立关联,如将家庭财产定位在居民地上,将农业产值定位在耕地上等,反映社会经济指标在空间上的分布差异。

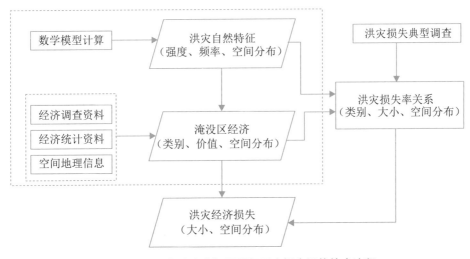

图 3.3-1　洪水影响分析及局部尺度损失评估技术流程

3)洪水淹没特征分布与社会经济特征分布通过空间地理关系进行拓扑叠加,获取洪水影响范围内不同淹没水深下社会经济不同财产类型的价值及分布。

4)选取具有代表性的典型地区、典型单元、典型部门等分类做洪灾损失调查统计,根据调查资料估算不同淹没水深(历时)条件下各类财产洪灾损失率,建立淹没水深(历时)与各类财产洪灾损失率关系表或关系曲线。

5)根据影响区内各类经济类型和洪灾损失率关系,按式(3.3-1)计算洪灾经济损失:

$$D = \sum_i \sum_j W_{ij} \eta(i,j) \tag{3.3-1}$$

式中:W_{ij}——评估单元在第 j 级水深的第 i 类财产的价值;

$\eta(i,j)$——第 i 类财产在第 j 级水深条件下的损失率。

通常将上述 1)至 3)的工作内容称为洪水影响分析。

3.3.1.2 局部尺度评估方法

(1)洪水淹没分析

在资料完备的情况下,可以采用一、二维结合的非恒定流水力学模型模拟洪水的淹没特征。

水力学模型的物理意义强,能够反映出下垫面条件的变化对洪水演进泛滥过程的影响,因此对洪水自然特征的变化具有较强的预测能力,能够比较真实地反映洪水的泛滥过程。

非恒定流方程二维水力学模型的基本方程是:

连续方程:

$$\frac{\partial H}{\partial t} + \frac{\partial M}{\partial x} + \frac{\partial N}{\partial y} = q \tag{3.3-2}$$

动量方程:

$$\frac{\partial M}{\partial t} + \frac{\partial(uM)}{\partial x} + \frac{\partial(vM)}{\partial y} + gH\frac{\partial Z}{\partial x} + g\frac{n^2 u \sqrt{u^2+v^2}}{H^{\frac{1}{3}}} = 0 \tag{3.3-3}$$

$$\frac{\partial N}{\partial t} + \frac{\partial(uN)}{\partial x} + \frac{\partial(vN)}{\partial y} + gH\frac{\partial Z}{\partial y} + g\frac{n^2 v \sqrt{u^2+v^2}}{H^{\frac{1}{3}}} = 0 \tag{3.3-4}$$

式中:H——水深;

Z——水位;

q——源汇项,模型中代表有效降雨强度;

M,N——x、y 方向的单宽流量;

u,v——流速在 x、y 方向的分量;

n——糙率系数;

g——重力加速度。

模型的方法是解流体运动的基本方程,根据地形、地物特点,将模拟范围划分为不规则的三边形、四边形或五边形网格,以这些网格为基本单位,利用差分的方法进行数值计算就可以求出洪水在各运动时刻的流速、流向和水深。

(2)洪水影响分析

洪水影响分析是对洪水淹没范围和各洪水淹没要素(淹没水深、淹没历时、洪水流速、洪峰达到时间)等区域内社会经济指标进行的统计分析。洪水影响分析包括社会经济数据的空间展布和淹没区社会经济指标统计等内容。洪水影响分析与损失评估以不同级别的行政区域(市/县/区、乡镇/街道、行政村等)为统计单元。

1)社会经济数据的空间展布。

洪水灾害损失评估涉及大量的空间数据,无论是洪水强度分布,还是受淹区域的社会经济信息,都应具有空间属性。通常收集的人口、经济产业发展等经济统计数据,均以非空间数据方式存储,即通过县区(乡镇)行政单元来收集、汇总和发布,数据并未指向与其相应的地物对象,难以体现统计单元内部的空间差异,为了更好地进行洪水灾害影响评估,需要恢复或重建其空间差异特征。

借助 GIS 技术,可以将各类统计指标定义在相应的矢量图层上,如将人口分布范围限定在居民地上,种植业产值定位在耕地上,工业资产定位在工业用地上等。社会经济指标的GIS 表达方式见图 3.3-2,每个指标在其定义的单元范围内既可以进行离散化处理,又可以认为其在某单元内连续分布,即每一个空间位置对应一个空间变量的值,在一个(统计)单元内可以概化为均匀分布或仍然具有空间差异。

2)洪水影响分析方法。

根据研究区域洪水分析得到的淹没范围、淹没水深(历时)等要素,结合淹没区内的社会经济情况,综合分析评估洪水影响程度,包括淹没范围内不同淹没水深区域内的受淹行政区面积、受淹居民地面积、受淹耕地面积、受淹重点单位数、受淹交通道路长度、受影响人口和GDP 等。

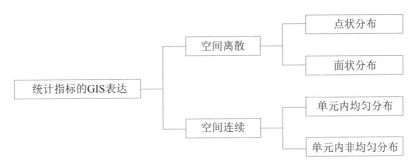

图 3.3-2　社会经济指标的 GIS 表达方式

①受淹行政区面积、受淹居民地面积及受淹耕地面积的统计。

基于 GIS 软件的叠加分析功能,将淹没图层分别与行政区图层、耕地图层以及居民地图层相叠加,得到对应不同洪水方案不同淹没水深等级下的受淹行政区面积、淹没耕地面积、受淹居民地面积等。

②受淹重点单位的统计。

重点单位在 GIS 图层上通常呈点状分布。在得到洪水淹没特征之后,将淹没图层、行政区界图层和重点单位图层进行空间叠加运算,即面图层与点图层的叠加运算得到位于淹没

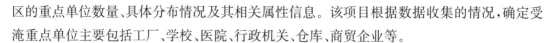

区的重点单位数量、具体分布情况及其相关属性信息。该项目根据数据收集的情况,确定受淹重点单位主要包括工厂、学校、医院、行政机关、仓库、商贸企业等。

③受影响交通道路里程的统计。

道路遭受冲淹破坏是洪水灾害的主要类型之一。道路在 GIS 矢量图层上呈线状分布,受淹道路的统计通过道路线图层与洪水模拟面图层叠加运算实现,能够获取不同淹没方案下的受淹道路长度等数据信息。本项目主要考虑城市主干道、城市次干道以及过境的省道、国道、县道等道路级别。

④受影响 GDP 的统计。

可按人均 GDP 法或地均 GDP 法计算受影响 GDP。人均 GDP 法即根据某行政区受影响人口与该行政区的人均 GDP 相乘计算受影响 GDP;地均 GDP 法则是按照不同行政单元受淹面积与该行政区单位面积上的 GDP 值相乘来计算受影响 GDP。

(3)洪灾经济损失评估

洪灾经济损失指标包括住宅损失、家庭财产损失、工业资产损失、工业产值损失、商贸企业资产损失、商贸企业主营收入损失、道路损失等。

1)损失率确定。

洪灾损失率指各类财产损失的价值与灾前或正常年份原有各类财产价值之比。影响洪灾损失率的因素很多,如淹没程度(水深、历时等)、财产类型、成灾季节、抢救措施等。一般按不同地区、承灾体类别分别建立洪灾损失率与淹没程度(水深、历时、流速、避洪时间)的关系曲线或关系表。

为分析研究区域各淹没等级、各类财产的洪灾损失率,通常在洪灾区(亦可在相似地区近几年受过洪灾的地方)选择一定数量、一定规模的典型区做调查,并在实地调查的基础上,再结合成灾季节、范围、洪水预见期、抢救时间、抢救措施等,建立洪灾损失率与淹没深度、时间、流速等因素的相关关系。

2)直接经济损失估算。

在确定了各类承灾体受淹程度、灾前价值之后,根据洪灾损失率关系,即可进行分类洪灾直接经济损失估算。洪灾经济损失类别常分为:城乡居民住房财产损失,农林牧渔业损失,城乡工矿、商业企业损失,铁路交通、供电、通信设施等损失,水利水电等面上工程损失和其他方面的损失等六大类。主要直接经济损失类别的计算方法如下:

①城乡居民家庭财产、住房洪灾损失计算。

城乡居民家庭财产直接损失值可采用式(3.3-5)计算:

$$R_{rc} = R_{rcu} + R_{rcr} = \sum_{i=1}^{n} W_{ui} \eta_i + \sum_{i=1}^{n} W_{ri} \eta_i \qquad (3.3-5)$$

式中:R_{rc}——城乡居民家庭财产洪灾直接损失值(元);

R_{rcu}——城镇家庭财产洪灾直接损失值(元);

R_{rcr}——农村居民家庭财产损失值(元);

W_{ui}——第 i 级淹没水深下,城镇居民家庭财产灾前价值(元);

W_{ri}——第 i 级淹没水深下,农村居民家庭财产灾前价值(元);

η_i——第 i 级淹没水深下,城乡家庭财产洪灾损失率(%);

n——淹没水深等级数。

城乡居民住房损失计算方法与城乡居民家庭财产直接损失的计算方法类似。通过城乡居民住房的灾前价值与相应的损失率相乘得到。

②工商企业洪灾损失估算。

计算工商企业各类财产损失时,需要分别考虑固定资产(包含厂房,办公、营业用房,生产设备,运输工具等)与流动资产(包含原材料、成品、半成品及库存物资等),其计算公式见式(3.3-6):

$$R_{ur} = R_{urf} + R_{urc} = \sum_{i=1}^{n} W_{fi}\eta_i + \sum_{i=1}^{n} W_{ci}\beta_i \tag{3.3-6}$$

式中: R_{ur}——工业企业洪灾财产总损失值(元);

R_{urf}——工业企业洪灾固定资产损失值(元);

R_{urc}——工业企业洪灾流动资产损失值(元);

W_{fi}——第 i 级淹没水深等级下企业固定资产值(元);

W_{ci}——第 i 级淹没水深等级下企业流动资产值(元);

η_i——第 i 级淹没水深下,工业企业固定资产洪灾损失率(%);

β_i——第 i 级淹没水深下,工业企业流动资产洪灾损失率(%);

n——淹没水深等级数。

③农业经济损失估算。

$$R_a = \sum_{i=1}^{n} W_{ai}\eta_i \tag{3.3-7}$$

式中: R_a——农业直接经济损失(元);

W_{ai}——第 i 级淹没水深等级下农业总产值(%);

η_i——第 i 级淹没水深等级下农业产值损失率;

n——淹没水深等级数。

④交通道路损失估算。

根据不同等级道路的受淹长度与单位长度的修复费用以及损失率估算交通道路损失。

⑤总经济损失计算。

各类财产损失值的计算方法如上所述,各行政区的总损失包括家庭财产、家庭住房、工商企业、农业、道路,各行政区损失累加得出受影响区域的总经济损失,见式(3.3-8)。

$$D = \sum_{i=1}^{n} R_i = \sum_{i=1}^{n} \sum_{j=1}^{n} R_{ij} \tag{3.3-8}$$

式中: R_i——第 i 个行政分区的各类损失总值(元);

R_{ij}——第 i 个行政分区内第 j 类损失值；

n——行政分区数；

m——损失种类数。

3.3.1.3 区域尺度评估方法

在实际工作中,经常需要快速地大体把握较大范围淹没区可能遭受的或者已经遭受的洪水灾害损失。因为受到基础信息完备性、计算量或者时间等因素的制约,不可能开展精细的局部尺度评估;另外就其对评估结果要求而言,并不需要很高的精度。区域尺度评估模式能够较好地处理精度与计算量的关系,从研究目标和技术实现角度考虑,对于资料不完备、评估范围较大,而经济类别较为单一的地区,区域尺度的评估模式是一种比较好且可行的选择。

采用区域尺度的评估模式时,社会经济状况的资料收集最细到县(市、区)一级,县市级的统计年鉴基本上能够满足评估需要,同时社会经济状况按土地利用类型划分,如有条件可以进行二级分类,不需要再细分下去。在这种模式中,承灾体脆弱性特征用土地利用类型损失率与淹没水深的等级关系来确定,其他的水情特征因素从上述的模型或方法中难以获取,所以暂不考虑。

3.3.1.4 区域尺度评估技术流程

区域尺度评估技术流程见图 3.3-3。

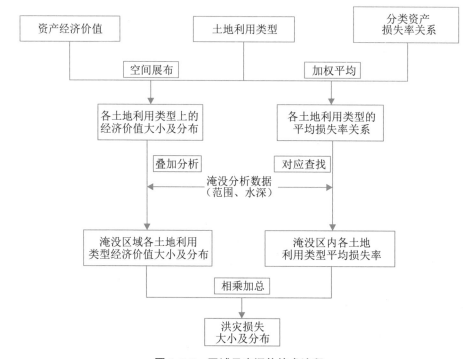

图 3.3-3 区域尺度评估技术流程

1)收集经济统计资料,通过统计分析推算以一定行政区为统计单元的资产经济价值;

2)基于GIS平台将资产经济价值展布在土地利用类型(主要二级土地类型分类:城镇居民地、农村居民地、水田、旱田、林地、草地、水域等)上,得到各种土地利用类型资产价值;

3)根据分类资产损失率关系按照加权或算术平均的方法建立各土地利用类型平均损失率与淹没特征对应关系;

4)根据区域具体的淹没范围通过空间叠加运算确定淹没区各土地利用类型资产价值,根据区域淹没水深查出相应的土地利用类型的平均洪灾损失率;

5)将各土地利用类型上的资产价值与相应的损失率相乘并加总得到区域的洪灾损失及分布。

3.3.1.5 区域尺度评估方法

(1)洪水淹没分析

根据统计资料等具体情况,进行淹没范围及水深的确定有二维非恒定流模拟计算方法、GIS空间分析方法以及遥感分析方法等3种方法。二维非恒定流模拟计算方法可详见上节介绍。GIS空间分析方法的计算原理是一种地形地貌学方法,或根据河道水位与周边地区的高程确定淹没范围,或根据封闭区域的水位—库容曲线确定某一洪量对应的淹没水位及淹没范围。可通过GIS的空间解析功能基于DEM数据进行空间分析,提取洪水淹没范围并确定淹没水深等指标。遥感分析方法可以通过遥感技术进行水体识别,快速提取洪水淹没范围,并结合GIS技术,进行洪水淹没水深的推求。

上述3种方法在洪水淹没指标方面各有特点。洪水数值模拟基于洪水的物理特性,具有很好的洪水预报功能,在洪灾预评估方面优势明显。数值模型计算结果可以输出洪水淹没范围、水深、历时、到达时间等多个水情指标特征值,全面准确地反映洪水自然特性。但其对资料要求较高,根据经验确定边界条件,并采用离散方法对微分方程求解的方法决定其只能模拟小范围的洪水泛滥过程。GIS空间分析方法快速便捷,除对数字高程数据(DEM)有一定的要求外,对其他资料的要求不高,既适用灾前评估又适用灾后评估,并且在估算山区河道特征明显的溃坝洪水淹没方面能够保证一定的精度。遥感分析方法采用卫星和雷达收到的影像进行水体识别,覆盖面积大、观测精度高,几乎不受地域限制,其多服务于灾中监测和灾后损失评估,不适用灾前评估。

(2)资产经济价值空间展布

当难以获取诸如矢量点、线、面图层表征地物分布的空间数据,不可能进行细致的社会经济信息空间分析时可采用土地利用数据来代替空间分布矢量数据。土地利用数据相对于研究区域详细的数据较易获取,但精度上也要相对粗一些。土地利用数据多是通过影像分类,简单区分地块类型及其分布,一般分为城镇建成区、农业用地、农村居民点、林地、草地、水域及未利用土地等地块类型。通常选取与损失评估相关的主要土地利用类型(如城镇建成区、农业用地、农村居民点)进行社会经济数据的空间展布,即将社会经济价值做部分加总后展布在不同的土地利用类型上。

举例来讲,若以县(市)为评估单元,则将县农业人口、农村住房和财产分布在对应县域内的农村居民点上;农业产值分布在水旱田上;将城镇人口、城镇住房和家庭财产、工商企业资产分布在城镇建成区上(图 3.3-4)。同一县域内上述各指标在相应地块类型上的密度假设是相同的。如此,将社会经济统计数据展布到相应的土地利用图斑上得到各种土地利用类型资产价值。

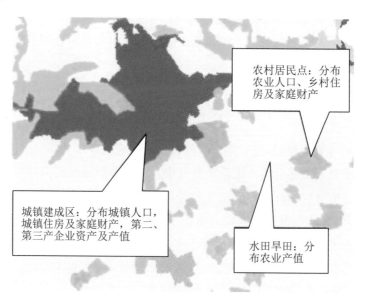

图 3.3-4 区域尺度评估社会经济数据空间展布

(3)土地利用类型平均损失率

同一种土地利用类型上分布的各种资产的洪灾脆弱性在一定程度上是相似的,因此认为同一种土地类型的损失率采用均化处理是可以近似表达该土地利用类型的承灾脆弱性的。与土地利用类型项相对应,亦按照建成区用地、农业用地、农村居民点等土地利用类型计算在一定洪水淹没深度下其相应的平均经济损失率。对建成区用地而言,在一定洪水淹没深度下其平均经济损失率是该用地类型内城镇家庭财产即住房、工业固定资产、工业存货、商业固定资产、商业存货等多项社会经济类型在相应洪水淹没深度下的经济损失率平均值,可以是简单的算术平均(式(3.3-9)),在资料条件较好时也可以是加权平均,权重视区域具体情况而定(式(3.3-10)),如该区域三产结构中工业比重较大,在求取建成区平均损失率时工业损失率的权重则比较大。

$$\eta_u = \frac{1}{n} \sum_{i=1}^{n} \eta_{ui} \tag{3.3-9}$$

式中:η_u——建成区某水深等级下平均损失率;

η_{ui}——建成区分布的第 i 种财产类别某水深等级下损失率;

n——建成区分布财产类别总数。

$$\eta_u = \sum_{i=1}^{n} w_i \eta_{ui} \tag{3.3-10}$$

式中：η_u——建成区某水深等级下平均损失率；

η_{ui}——建成区分布的第 i 种财产类别某水深等级下损失率；

n——建成区分布财产类别总数；

w_i——建成区第 i 种财产类别损失率权重。

同样地，对农村居民点而言，在一定洪水淹没深度下其平均经济损失率是该用地类型内农村居住房屋、室内财产、生产资料等社会经济类型在相应洪水淹没水深下的损失率算术平均值或加权平均值。

上述方法是在具有细类损失率关系（局部尺度模式）基础的区域根据细类损失率平均值建立区域土地利用类型平均损失率与水深关系。在没有细类损失率关系的区域也可以沿用其他类似区域的成果或者根据历史灾情用回归分析方法等建立土地利用类型与淹没水深的关系。

（4）洪灾损失计算及空间展布

土地利用数据通常以栅格数据存储，每个栅格具有土地利用类型信息，通过洪水分析得到淹没区内每个栅格的淹没水深，通过经济价值展布得到该土地利用类型以栅格为计量单位的资产经济价值，通过土地利用类型平均经济损失率与洪水淹没深度之间的关系确定该栅格上的损失率，通过式（3.3-11）评估洪灾经济损失。

$$D = \sum_i \sum_j W_{ij} \eta(i,j) \tag{3.3-11}$$

式中：W_{ij}——评估单元在第 j 级水深的第 i 种土地利用类型的财产的价值；

$\eta(i,j)$——第 i 种土地利用类型的财产在第 j 级水深条件下的平均损失率。

3.3.1.6　流域尺度评估方法

与局部尺度和区域尺度的评估相比，流域尺度的评估模式是一种更为概化的匡算评估模式。流域是复杂的综合体系，覆盖面积广阔，水系交错，河湖横亘，经济门类繁多，经济结构错综复杂，发展水平不均，如果从较细尺度的角度来分析，要考虑的因素会非常多。流域尺度评估是在洪水灾害初期或资料不完备情况下快速预判灾害总体影响程度的一种评估模式，其评估结果多是为宏观决策分析服务的，虽然有专家提出大尺度损失评估能够做到"量级不错，分布合理"就已符合要求的标准不免过于粗泛，但也反映了大尺度损失评估对精度要求不高，只需要从宏观上做总体把握的特点。

抓住关键性因素，进行合理概化是流域评估模式的主要思路。常用的方法有：

1）用一个代表总体经济发展水平的参数来描述整个淹没区的经济特征（国内生产总值、工农业生产总值等），用水灾宏观损失率指标来描述脆弱性，定义为洪灾风险区的年期望损失与国内生产总值之比。例如，20 世纪 90 年代我国洪水灾害的宏观损失率为 2.24%。

2）沿用区域尺度的评估思路，从地貌学角度或历史洪淹资料，大致确定洪淹范围和面积。根据经济发展水平和洪水风险分析,用一种综合平均的方法确定面上综合洪灾损失指标:亩均损失值(元/亩)指标,单位面积损失值(万元/km^2)指标,人均损失值(元/人)指标,然后根据淹没面积或受灾人口与面上洪灾损失指标求取整个流域的洪灾损失。综合损失指标法在评价农村地区洪灾损失时比较简便,但对于经济门类众多的城市区域,应该根据区域的社会经济发展状况以及受淹程度赋以不同的值,才能更客观地反映实际损失情况。

下节主要就第二种方式展开深入研究。

3.3.1.7　流域尺度评估技术流程

流域尺度评估技术流程见图 3.3-5。

1)根据历史洪灾资料建立气象水文要素与淹没面积(范围)之间的关系,并考虑历史洪灾发生时间到现状防洪体系建设等因素进行修正;

2)获取要评估的洪水事件的水文要素,根据 1)得到的对应关系,查找求取该洪水事件可能造成的淹没面积(范围);

3)根据历史洪灾资料计算历史洪水的综合地均/人均损失值,考虑资产增长因素、损失率变化因素,以及物价指数变动因素等进行修正调整得到现状综合人均/地均损失值;

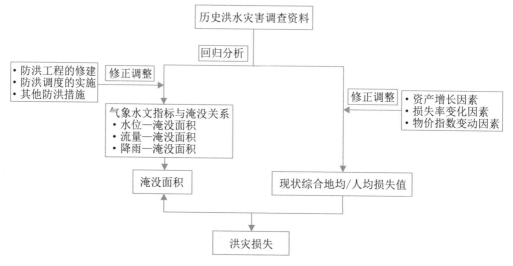

图 3.3-5　流域尺度评估技术流程

4)通过淹没面积和综合地均/人均损失计算得到总的洪灾经济损失,见式(3.3-12)或式(3.2-13)。

$$洪灾损失 = 淹没面积 \times 综合地均损失 \qquad (3.3-12)$$

$$洪灾损失 = 受灾人口 \times 综合人均损失 \qquad (3.3-13)$$

3.3.1.8　流域尺度评估方法

(1)洪水淹没分析

在进行超标准洪水分析前首先需要确定流域或工程的防洪能力。根据各个流域、各种工情的具体情况,防洪能力可以用防御水位、安全泄量、成灾雨量等表示。对于堤防或无堤的河道,防洪能力一般以某一控制站的防御水位表示,实际水位在此水位以下,不致成灾,超过后可能发生洪灾。对于由堤防、水库、蓄滞洪区等组成的防洪工程系统,防洪能力则多用某一地点的安全泄量表示。对于水系复杂,难以用某一地点的水位或流量来反映对应的洪灾情况时,也用一定历时的雨量来作为判断洪灾情况的标准。

粗估洪水淹没的通常做法是借助于历史统计资料,建立起各种气象、水文要素与淹没面积的关系曲线,在确定了要评估的洪水事件的水文要素(水位、流量、雨量等)后,即可由这些曲线查出淹没面积。选择什么气象水文要素与淹没面积建立关系,应与前述确定防洪能力所采用的指标一致。淹没面积和水文要素的关系建立在实际发生的洪水基础上,由于其前提是现今、未来或历史的延续,这一条件往往由于环境的变化(如防洪设施的兴建)而难以保证,因此应根据防洪工程修建、防洪调度以及其他防洪措施实施情况,对其结果进行一定的修正方可使用。

有时历史洪灾并无统计资料,而只有洪灾范围的记述,或虽有统计数据但有明显不合理现象,就要根据记述在地形图上划定范围,然后量算其面积,再考虑合理的土地利用系数,换算为淹没面积并建立与水文要素的对应关系。

(2)综合损失指标计算

1)历史综合平均损失。

综合平均损失指标有综合地均损失和综合人均损失两种,综合地均损失是指洪灾对个人、工农商生产以及基础设施造成的直接经济损失折合到淹没区内每单位受灾面积上的损失值。通过洪灾范围内的所有直接经济损失之和除以受淹总面积得到。综合人均损失则是直接经济总损失除以受灾总人口得到。对综合平均损失的影响因素很多,但主要是受经济发展水平和洪水淹没严重程度的影响,前者决定资产价值,后者决定损失率。另外,对同一地区来说,综合平均损失指标还取决于生产水平及价格水平,需要根据一定调查统计资料进行推估。

获取历史洪灾综合地均/人均损失值通常比较可靠的办法就是对洪水泛滥后造成的损失进行全面的调查。流域超标准洪水的淹没范围往往比较大,要进行全面的调查是相当困难的,因此往往是先对可能泛滥地区选择一些典型进行调查或者对历史数据进行统计分析求出综合平均损失指标,并在整个流域内通过调整计算选用。

2)洪灾损失增长影响因素。

通常考虑洪灾损失的增长因素对历史某个水平年的洪灾综合平均损失值进行修正来推求现状综合平均损失值。洪水所造成的灾害损失是随时间而变化的,这主要取决于两方面的原因:由于社会经济的发展,受灾区域人口资产密度提高;社会网状结构的增强使得灾害影响的范围扩大;伴随经济实力的提高,用于防灾、抗灾、救灾的投入增加,承灾体防御洪水灾害的能力得以增强,使灾害的损失率相对降低。一般而言,防灾能力的提高,往往滞后于经济的发展,因此洪灾的绝对经济损失总是呈增长的趋势,其增长的速度取决于经济增长速度和承灾体承灾能力的增长速度。在经济加速发展的初期,洪灾损失增长较快。发展到一定水平后,随着生产效益和管理水平的提高、人们对水患意识的增强、防洪减灾投入的增加、防洪减灾设施的兴建和防洪措施的完善、承灾能力的提高,将能够抑制住洪灾损失急剧增长的趋势。与洪灾损失增长相关的增长率的相互关系见图 3.3-6。

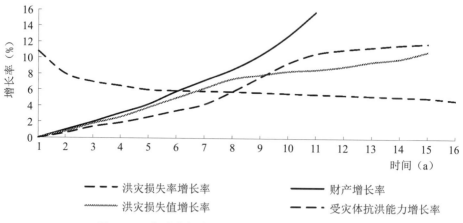

图 3.3-6 与洪灾损失增长相关的增长率的相互关系

3)现状综合平均损失。

随着经济的发展,资产种类、结构、布局以及抗御洪水的能力都发生了变化,根据上节对洪灾损失增长因素的分析,洪水对其影响程度随之也发生了变化,这种变化一般用财产损失率变化影响系数(f)来修正,并且随资产种类的不同而不同。随着时间的推移,各类资产数量也在不断积累,用资产增长折算因子(α)来反映,另外考虑物价指数折算系数(k),可以基于历史综合地均/人均损失值计算得到现状资产综合地均/人均损失值。公式如下:

$$SU_{xzh} = SU_{jb}fk\alpha$$
$$\alpha = (1+i)^n \tag{3.3-14}$$

式中:SU_{xzh}——现状年综合地均损失值;

$\quad SU_{jb}$——历史基准年综合地均损失值;

$\quad f$——资产损失率变化影响系数;

$\quad k$——物价指数折算系数;

$\quad \alpha$——各类资产增长折算因子;

$\quad i$——各类资产年平均增长率;

$\quad n$——基准年到现状年的相隔年数。

如果用洪灾损失年均增长率 j 综合表征资产损失率变化影响系数及各类资产年均增长率,现状综合平均损失由上式可变换为用下式表示:

$$SU_{xzh} = SU_{jb}k(1+j)^n \tag{3.3-15}$$

3.3.2 间接损失评估方法

随着经济的发展,生命线系统的日益发达,行业、地区间的联系日益紧密,洪水灾害破坏这些生命线设施所造成的大范围、多系统、跨地域和跨行业的间接损失占总损失的比重越来越大。尤其在城市区域,其正常运转依赖各类基础设施与生命线系统(交通、通信、互联网、供水、供电、供气、垃圾处理、污水处理与排水治涝防洪等),这些系统在关键点或面上一旦因洪涝而遭受损害,会在系统内以致系统之间形成连锁反应。当损害在一定限度之内时,系统内部可以弥补、调整与快速修复;一旦损害超出系统防护与承受能力,灾情则会急剧扩展,造成的损失可能远远超出受淹范围,影响时效更长且更复杂。如2005年卡特里娜飓风导致新奥尔良市溃堤淹没,直接经济损失高达220亿美元,总损失超过1000亿美元,间接经济损失基本上是直接经济损失的4倍。2011年日本"3·11"地震引发的海啸及泰国湄南河流域持续数月的特大洪水都导致了全球供应链危机。即使未受到灾难性损害的一些汽车、电子元件制造厂商,也由于交通中断、原材料供应受阻、成品无法运至机场或港口等而遭受巨大损失,其恶劣影响甚至蔓延到许多国家,使全球性的经济危机雪上加霜。

洪灾间接经济损失是一种综合的波及性损失,涉及多个部门和行业且横跨时间段及地域。具体而言,间接经济损失一般包括以下几个部分:工、商等行业企业的停产损失(生产经营性损失)、生命线系统的灾害影响损失(生产服务性损失)以及用于灾害救助的资金投入(额外费用损失)等,涉及地域与时间波及性,并以前两部分损失为主体。由于间接经济损失的成灾机制复杂,涉及的内容和范围十分广泛,相对于直接经济损失,间接经济损失更难以评估。目前国内外并没有较好的定量评价方法。常用的方法有以下两种。

(1)直接调查估算法

模拟或分析确定各种洪水的淹没范围与淹没程度,进而在分析其对社会经济生活影响的基础上,按上述后两个方面内容直接估算间接经济损失;亦可根据受灾区及影响区的调查统计资料,通过数理统计和时序分析,包括回归分析法、计划指标分析法和等值增长法等,来估算间接经济损失。

(2)经验系数法

鉴于洪灾后两部分间接经济损失涉及面广,内容繁杂,计算范围无明显界限,要全面、完整、精确地做出直接定量计算十分困难。因此,通常采用经验系数法估算洪灾间接经济损失的后两部分。这种方法假定洪灾给不同部门所造成的间接经济损失与所造成的直接经济损失之间成一定比例关系。即通过调查确定间接经济损失占直接经济损失的比例系数来进行概化性估算间接经济损失。这种关系可用下式表示:

$$D_i = K \cdot D_d \tag{3.3-16}$$

式中: D_i ——洪灾给某部门造成的后两部分间接损失;

D_d——洪灾给某部门造成的直接经济损失；

K——反映"地域性波及损失"与"时间后效性波及损失"的洪灾间接经济损失系数。

洪灾间接经济损失系数可通过对大量洪灾调查资料的统计分析求得。在调查资料有限的情况下，可以参考相关文献分析选用。美国、澳大利亚、英国、日本、中国等已采用的比例系数 K 值见表 3.3-1。

表 3.3-1 　　　　　　　　不同行业或部门间接经济损失与直接经济损失比例系数

国别	K 值
美国	住宅区 0.15,商业 0.37,工业 0.45,公用事业 0.10,公共产业 0.37,农业 0.10,公路 0.25,铁路 0.23
澳大利亚	住宅区 0.15,商业 0.37,工业 0.45
英国	居民区 0.044,工厂 0.313,零售商店 0.087,仓库 0.108
日本	综合比例 0.145
中国	农业 0.15,工业 0.16～0.30

上述两种方法中直接调查法的最大困难是涉及的调查内容十分庞杂，操作过程烦琐，花费的人力、物力巨大，信息难以更新。而经验分析法虽然简便，但不能有效地反映间接影响的作用机制，经验化、概括化成分过重。由于经济发展及经济结构的日趋复杂，间接经济损失比例系数变化很快，需要不断投入大量的人力、物力进行重复调查。

对特定生命线系统及行业的间接经济损失评价，国内外也有一些相应的定量计算方法，见表 3.3-2。

表 3.3-2 　　　　　　　　企业停产、交通中断等间接经济损失

损失项目	计算方法
企业停产损失	停产损失值＝人均日产利润×职工人数×停产日数 停产日数＝淹没日数＋恢复日数(2d)
交通中断损失	交通中断损失值＝停运时间损失＋绕道时间损失＋绕道行驶费损失 停运时间损失＝停运车辆数×停运时间×单位时间效益 绕道时间损失＝绕道交通量×绕道时间×本单位时间效益 绕道行驶费损失＝绕道交通量×绕道距离×单位行驶费
灾害应急救助损失	灾害应急救助费＝工程设施应急费＋居民避洪迁安应急费 工程设施应急费＝γ×工程设施直接损失 （γ作为比例，由调查情况推定）

　　近年来,在间接经济损失评估方面国内外学者也从其他角度做了一些探索性的尝试:Hallegatte 证明,美国路易斯安那州的洪灾直接经济损失超过 500 亿美元时,才会发生非常大的间接经济损失。Hallegatte 同时证明,经济活跃期的自然灾害间接经济损失远大于经济衰退期的经济损失。间接经济损失的大小取决于评估的时间和空间的范围。从非常广的地域范围和非常长的时间尺度来讲,自然灾害的间接经济损失应该等于零,其对经济的影响正负抵消。对于有限的地域边界(如城市、流域),在短时间内洪灾间接经济损失主要指:①受淹区外与受淹区域有联系的供货商或者承销商的损失;②因企业生产停顿导致收入或利润下降而诱发的消费减退。当然,若从长的时间段考虑,洪灾间接损失还包括移民、工厂重建、经济萧条导致的额外费用等。

　　相对于直接经济损失,间接损失更难以评估,且可供研究的有关间接损失的数据非常少,因此,尝试采用纯经济学模型来评估间接经济损失,主要包括:联立方程模型,投入产出模型,可计算一般均衡模型。数据表明,这些模型可能会过高地估计洪灾间接影响,其在预估自然灾害间接损失方面的适用性还有待进一步研究。Penning Rowsell 初步分析了由于交通、通信线路等中断造成的间接影响,其中线路的敏感度(Susceptibility)、依赖性(Dependency)与饱和度(Redundancy)等都是评估时所要参考的因素。Pfurtscheller 和 Schwarze 建立了一种简单的脆弱性打分卡以促使人们在区域灾害管理时注重间接影响:①引起少量的(一)或较多产业部门(十)在自然灾害中的产值损失;②强迫的(一)或主动的(一)储备物资的能力在经济的膨胀(十)或紧缩期(一);③有充足的(一)或缺少(十)财政救助目标;④高密度(一)或者低密度(十)企业经营中断保险覆盖率。其中,(一)标志表示会产生有限的间接损失影响,而(十)标志则表示可能对经济带来很大的潜在的间接影响。通过对这些指标打分,综合确定某区域的承灾脆弱性。

　　我国也有一些基于系统分析、人工神经网络、遗传算法等间接经济损失评价模型,思路和方法具有一定的独创性和先进性,但要真正应用于间接经济损失评估工作中,还有待进一步的探索和研究。另外也有专家运用经济学的方法对灾害间接经济损失的计算进行尝试。经验系数法是目前我国最常用的间接经济损失评估方法,但还缺乏经过详细调查分析确定的间接经济损失系数,多参照国外类似情况选择。

3.4　超标准洪水非经济损失评估方法

　　超标准洪水不仅会造成直接经济损失,还会对人群、生态环境敏感区等造成负面影响,本章针对超标准洪水对社会影响和生态环境影响的评估方法开展研究。社会影响为超标准洪水造成的人员伤亡以及人员转移等,生态环境影响为超标准洪水冲毁化工厂等污染源导致水体被污染从而影响洪水淹没范围内的自然保护区等受保护对象,或者是由于超标准洪水直接冲刷导致受保护对象被破坏(图 3.4-1)。

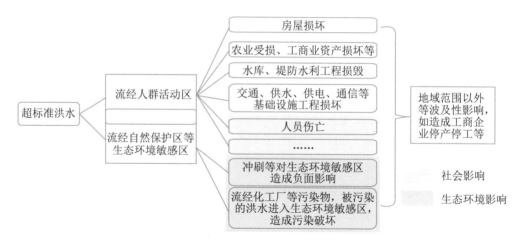

表 3.4-1　超标准洪水灾害链及可能造成的非经济损失

3.4.1　标准洪水对社会影响的评估方法

洪水对社会的影响通常用洪水对人口造成的影响来表征,本节就洪水影响人口及伤亡人口评估方法进行研究。

3.4.1.1　受影响人口评估方法

受影响人口是洪水影响分析的关键,一方面因为人员伤亡是最严重的洪灾影响,保障群众生命安全是防洪和应急响应的首要任务,了解受影响人口的数量、空间分布状况和受灾程度可以为人员撤离、紧急营救、医疗供应和食品救济等提供决策支持。另一方面各类损失与人类生产、生活密切相关,通过受影响人口分布状况,可以进一步推断与其密切相关的社会经济活动和财产在洪灾中受到的影响和损失。

人口数据通常是以行政单元为统计单位的,该数据表达了统计单元之间的差异,但并没有给出统计单元内部的差异。为了进行准确的受影响人口统计,需要对人口统计数据进行空间分析。

如果能够收集到洪水淹没区域的居民地图层,则采用居民地法对人口统计数据进行空间分析,即认为人口是离散地分布在该行政单元的居民地范围内,每块居民地上又是均匀分布的变量,采用人口密度 $d_{i,j}$ 来表征。如各行政区受淹居民地面积用 $A_{i,j}$ 来表示,则受影响人口可用式(3.4-1)计算。

$$P_e = \sum_i \sum_j A_{i,j} \cdot d_{i,j} \tag{3.4-1}$$

式中:P_e——受影响人口;

$A_{i,j}$——第 i 行政单元第 j 块居民地的受淹面积(km²);

$d_{i,j}$——第 i 行政单元第 j 块居民地的人口密度(人/km²)。

以图 3.4-2 所示为例,有 Ⅰ、Ⅱ 两个行政单元受到洪水淹没影响(图中灰色部分),居民地 $R_{1,2}$、$R_{2,1}$ 部分受淹,居民地 $R_{2,3}$ 全部受淹。采用 GIS 空间分析技术,通过居民地图层、洪水淹没范围图层和行政区划图层的空间叠加运算,能够得到各行政单元受淹居民地面积(图中阴影部分)。分别与相应的人口密度求积再加总,即可得到受洪水淹没影响的人口数。由于在某个行政单元,城镇人口密度与农村人口密度有较大差别,所以在实际计算中,重点考虑城市和农村在人口密度上的差异。越小级别行政单元(如镇/街道、村/社区)不同农村居民地块上(或城镇居民地)人口密度差异越小,可以认为该级别行政单元的农村人口(或城镇人口)密度相等。

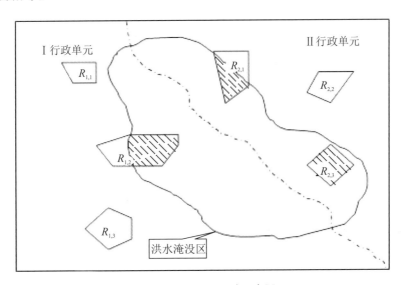

图 3.4-2 受淹居民地示意图

在缺乏居民地图层的情况下,亦可进行近似的估算,即认为人口是均匀地分布在行政区域内,而受影响人口比例与该行政区受淹面积占整个行政区面积的比例相同,进而根据行政区人口总数推算受影响人口数,见式(3.4-2)。

$$P_e = \frac{PA_f}{A} \tag{3.4-2}$$

式中:P——区域总人口(人);

A_f——某一行政区域的受淹面积(km^2);

A——行政区域总面积(km^2)。

这种近似的算法只有在人口实际分布较为均匀的情况下才会得出合理的结果。在人口分布不均匀的地区,如山洪多发生在河谷地带,而山区人口多聚集在沿河两岸低平的区域,这种算法通常会低估实际的受影响人口数量,应该采用适当的方法予以修正。

同样地,如果将具有淹没水深属性的洪水淹没范围图层与居民地分布图层和行政区划图层进行叠加运算,亦可得到不同行政区受不同淹没水深影响的受影响人口,作为进行避难方式选择的依据。例如对于处在水深较大区域的受影响人口则需要转移安置。

在确定了受影响人口的空间分布之后,与其相关的其他指标如房屋、家庭财产等可在此基础上进一步推求。

3.4.1.2 伤亡人员评估方法

国际上已有一些评估洪灾人员伤亡的方法。影响洪灾人员伤亡的因素很多,但已有的方法通常仅考虑其中的少数因素进行人员伤亡的评估,并且多数评估模型被应用于预估由于堤防、大坝等防洪工程失事后的洪灾人员伤亡情况。但大多数地方(如欧洲)的洪水事件并不仅限于工程失事,因此这些模型并不是很适用。

英国开发的洪灾人员死亡评估模型有别于其他国家的模型,该模型认为洪灾死亡人数是受伤人数的函数,而洪灾受伤人数是根据洪水的特征、范围和人员的特征来确定。不是像其他研究中用统一的人员死亡率与在淹没范围内的总人口数来确定洪灾死亡人员。在评估死亡人数和严重受伤人数时主要考虑 3 个因素:洪水特征(水深、流速等);受淹的区域特征(室内/室外,建筑物特性);人口特征(年龄、健康程度等)。

随后,英国专家采用 1997—2005 年欧洲 6 个国家发生的 42 场洪水中的 82 个死亡案例对模型进行验证,结果表明,该模型无论在受伤人数还是死亡人数方面都明显偏大。究其原因,该模型未考虑建筑物在洪水期间对人的保护作用,也未考虑区域防灾救灾行为对人员伤亡的减缓作用。

在英国洪灾人员伤亡模型的基础上,Sally Priest 等建立了更适用于欧洲各国洪灾人员伤亡的概念性模型,即人的风险取决于洪水特征(水深、流速、是否有漂浮物、洪水发生的时间)、人暴露于水中的程度(与受淹区的脆弱性有关,即人们是否能够避免与水直接接触)、人的脆弱性以及减灾行动(是否有预报预警促使人们预先避开危险区或者在危险区找到合适的避难场所)等 4 种因素。在这里,某区域的受淹脆弱性与土地利用类型、建筑物的楼层高度、建筑物的材料结构和整体性,以及是否有学校、避难所、极脆弱的群体等存在有关。人的脆弱性则与人的年龄、健康状况、是否有语言障碍、是否是旅游者、行为习惯以及风险意识等因素有关。Sally Priest 等的模型并未给出具体的函数形式,只是按照各指标值或指标描述按照一定的阈值区间进行分级分等,再综合考虑各种因素的等级确定综合的人口风险等级。

我国也建立了以淹没水深、流速及其乘积作为判定洪水中人体危险性等级的评价指标,根据我国洪水及人体特点确定了人体洪涝危险性等级的划分标准,并在济南等城市进行了验证和应用。各等级洪水风险区的含义及水深、流速阈值见表 3.4-1。从总体上来讲,因灾伤亡人口受洪水突发性特征、洪水预报精度、人口年龄分布、救灾措施和社会环境影响较大,我国目前多在灾后以地方统计上报数据为准。

表 3.4-1　　　　　　　　　　　　洪水对人的影响危险性指标及等级划分

洪水危险等级	洪水对人的影响	$h(\mathrm{m})$、$v(\mathrm{m/s})$、$hv(\mathrm{m^2/s})$
低	对部分人（老人、孩子等）的行动有威胁	$hv<0.3(h<1.1;v<2.6)$
中	对大部分人的行动有威胁	$0.3\leqslant hv<1.2(0.12\leqslant h<1.1;0.27\leqslant v<2.6)$
高	对所有人的行动均有威胁	$hv\geqslant1.2$
		$hv\geqslant1.1$
		$hv\geqslant2.6$

注：h 指水深，v 指流速，hv 指水深和流速的乘积；高危险性等级中的 3 个判断条件满足其中一个即可。

3.4.2　超标准洪水对生态环境影响的评估方法

当超标准洪水流经范围内有废水处理厂、垃圾填埋场等暴露污染源时，超标准洪水有可能冲坏污染源并被释放出的污染物所污染，被污染的洪水可能会造成流经区域的土壤污染、水质恶化或者其他负面的生态环境后果，而污染的土壤和水体可能会进一步对人体健康造成威胁。

相较于较为成熟的洪水经济损失评估理论与方法，生态环境影响由于较难被定量评估，因此目前针对洪水的生态环境影响评估的研究较为缺乏。奥地利、比利时等国将洪水淹没图与受保护对象图叠加形成洪水的生态环境风险图，其中的编制差别在于各国的受保护对象不同。尽管该方法能显示洪水淹没范围内可能受影响的自然保护区等受保护对象，但是无法比较不同洪水情况下生态环境受影响的程度。随着气候变化和人类活动的加剧，极端暴雨事件频发，如何增加生态环境系统韧性，减少洪涝对其造成的负面影响是非常重要的研究课题。本书构建了一套可以半定量地评估洪水污染造成的生态环境负面影响的方法体系。

当洪水流经区域存在潜在污染源时，洪水演进过程中造成潜在污染源释放污染物并导致洪水被污染，则有可能对当地的饮用水水源区等受保护对象造成威胁。因此，本书构建评估体系时，选择潜在污染源危害程度和受体敏感度两个评价指标，通过专家判断等方法辅助确定污染源危险分级、潜在污染源危害程度等级阈值以及受体敏感度等级阈值，采用矩阵法综合潜在污染源危害程度与受体敏感度两个指标得到生态环境影响严重性程度。

（1）潜在污染源危害程度等级制定

潜在污染源危害程度根据超标准洪水淹没范围内潜在污染源可能会释放的特征污染物的危险程度、潜在污染源数量以及规模 3 个方面确定，计算公式如下：

$$S = \sum_{i=1}^{5} L_i \sum_{j=1}^{n} M_{ij} \tag{3.4-3}$$

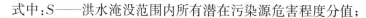

式中:S——洪水淹没范围内所有潜在污染源危害程度分值;

L_i——洪水淹没范围内第 i 级危险级别的潜在污染源危险分值(见表 3.4-2,$i=1,2,3,4,5$);

n——洪水淹没范围内不同危险级别的潜在污染源数量;

M_{ij}——第 i 级第 j 个污染源的规模(规模不同时采用数据标准化后的数值,规模均相同则均取值为 1),$j=1,2,\cdots,n$。

表 3.4-2 潜在污染源危险分值示例

危险分值 L	潜在污染源类型	可能的污染源	可能释放的特征污染物
5	化工厂等	化工厂、制药厂、造纸厂、洗煤厂等	有机有毒污染物、无机有毒污染物、固体废弃物等
4	金属制造厂等	铁矿厂、铸铁厂等	金属、固体废弃物等
3	普通工厂等	砖厂、禽畜养殖场等	颗粒物、需氧污染物、固体废弃物等
2	弃渣场等	弃渣场、建筑垃圾堆放场、生活垃圾堆放场等	颗粒物、固体废弃物等
1	农田	农田、蔬菜大棚等	总氮、总磷等

根据式(3.4-3),计算得出每一种洪水方案淹没范围内的潜在污染源危害程度分值,当所有洪水方案的潜在污染源危害程度分值均计算得出后,根据专家打分法将不同分值的潜在污染源危害程度划分为 5 级,见表 3.4-3。

表 3.4-3 潜在污染源危害程度等级示例

等级	潜在污染源危害程度分值 S
5	20 及以上
4	15~19
3	10~14
2	5~9
1	0~4

(2)受保护对象确定和受体敏感度等级制定

通过 ETA 识别出多种生态环境后果影响类型,表 3.4-4 是受体敏感度赋值示例。

表 3. 4-4   受体敏感度赋值示例

自然保护区/风景名胜区/文物保护单位		地表水		地下水	
保护级别	赋值 A	保护级别	赋值 B	保护级别	赋值 C
世界级、国家级	10	水质目标Ⅰ类	10	水质量Ⅰ类	10
省(自治区、直辖市)级	5	水质目标Ⅱ类	5	水质量Ⅱ类	5
市、县级	1	水质目标Ⅲ类	1	水质量Ⅲ类	1

注:地表水的保护级别根据《水功能区划分标准》(GB/T 50594—2010)确定,地表水水质目标执行《地表水环境质量标准》(GB 3838—2002),地下水水质量执行《地下水质量标准》(GB/T 14848—93)和《地下水水质标准(报批稿)》。

针对每一种洪水方案,采用式(3.4-4)计算洪水淹没范围内所有受保护对象的敏感度分值 T,T 值四舍五入后对照表 3.4-5 进行受体敏感度等级划分,得出对应洪水淹没范围内的受体敏感度等级。

$$T = A + B + kC \qquad (3.4-4)$$

表 3. 4-5   受体敏感度等级示例

等级	受体敏感度分值 T
5	10 及以上
4	8～9
3	5～7
2	3～4
1	0～2

(3)影响严重性程度确定

采用矩阵法,将潜在污染源危害程度等级与受体敏感度等级相结合,得出不同的洪水淹没情况对当地的生态环境影响严重性程度,影响严重性程度为 1～25。

3.5　小结

1)明确了超标准洪水灾害概念,将韧性理念纳入超标准洪水灾害评估指标体系,提出了不同空间尺度超标准洪水灾害评估指标体系。明确了超标准洪水灾害概念,即超过防洪工程体系现状防御能力或者超过规划防洪标准的洪水或风暴潮对人的生命、财产、生态环境敏感区等构成的威胁或造成的损害。阐述了洪水韧性的内涵,即承灾体、社区或者社会系统在遭受洪水冲击时,能够及时有效地抵御洪水、适应洪水并从洪灾破坏的影响中恢复过来的能力,据此将韧性理念纳入洪水灾害评估指标体系,综合考虑超标准洪水的危险性与各类承灾体受损程度及其恢复能力等方面,提出流域、区域和局部 3 种空间尺度评估指标体系,全过程覆盖从流域超标准洪水形成至灾后恢复的各个阶段,完善提升了洪水灾害评估理论体系。

2)提出了流域超标准洪水局部、区域、流域3种空间尺度洪水灾害损失评估方法。①局部尺度:提出针对范围较小的局部区域内、分析洪灾影响因素并进行精细灾害的评估方法。洪水灾害损失评估包括洪水影响分析和洪灾经济损失两大部分。洪水影响分析针对受淹行政区面积、受淹居民地面积等进行分析;洪灾经济损失则根据洪水承灾特性建立分类承灾体洪灾损失率曲线关系,结合局部尺度的洪水淹没模拟结果详细计算超标准洪水对局部区域造成的直接经济损失。②区域尺度:提出针对范围较大区域内,快速评估淹没区域内的洪水灾害情况的方法。以土地利用类型为承灾体分类的基本依据,建立不同土地利用类型与洪水特征之间的关系,结合洪水特征,评估洪水造成的影响和损失。③流域尺度:提出以流域为评估对象,从宏观的角度评估洪水灾害的模式。通过面上综合损失等来进行快速整体评估超标准洪水灾害损失,面上综合损失指标(人均、地均指标)的取值则根据历史洪水灾害及与现状经济发展状况综合分析确定。

3)提出了超标准洪水对人口影响、生态环境影响等非经济影响的评估方法,梳理了超标准洪水灾害间接损失评估方法及伤亡人口评估方法。其中,针对超标准洪水对生态环境的影响,构建了一套可以半定量地评估洪水污染的生态与环境影响的评估体系和方法。

第 4 章　不同空间尺度洪水影响计算方法

不同空间尺度超标准洪水模拟计算方法是洪灾损失评估的重要组成部分。本章在资料收集与整理的基础上,提出区域、流域尺度洪水影响计算方法,考虑堤防、分蓄洪等工程影响,基于高分辨率网格系统采用二维水动力模型对超标准洪水在局部河段或者重要分蓄洪区的影响范围以及洪水淹没水深、淹没历时等动力学特征进行局部全要素计算分析,构建水动力耦合模型,建立二维快速洪水模拟模型及其并行加速,为区域、流域尺度超标准洪水灾害评估提供信息支撑。

4.1　超标准洪水不同空间尺度洪水影响计算方法

4.1.1　局部尺度

在重点河段和蓄滞洪区等局部尺度,充分考虑地形的复杂性,利用二维精细化模型计算超标准洪水灾害影响范围以及洪水淹没水深、淹没历时等全要素信息,模拟采用基于非结构网格系统下的有限体积法,能够进行复杂地形条件以及大梯度或者间断水流条件的洪水计算。

4.1.2　区域、流域尺度

在区域和流域尺度,长河道采用一维数学模型,重点河段与蓄滞洪区采用较低分辨率网格,对完全水动力模型进行离散简化,构建快速计算模型进行区域洪灾影响快速模拟,其中一、二维模型实现河道纵向以及与蓄滞洪区侧向的耦合,二维模型要进一步建立基于多线程异构并行优化的模型加速算法,提高流域超标准洪水的计算速度。其中:

1)一维模型用于长河道洪水模拟,且具备模拟河道闸、坝等工程运用的能力,提升河道模型实用性;

2)二维模型用于局部重点河段与分蓄洪区域的洪水模拟,采用非结构网格系统下的有限体积简化模型及其加速算法,能够进行复杂地形条件以及大梯度或者间断水流条件的快速洪水计算;

3)考虑各模型的边界关系,在局部河段和分蓄洪区段分别实现一、二维纵向与横向耦合。

模型计算误差来源主要有两个方面：一方面是模型误差，需要采用典型超标准洪水资料对模型进行率定和验证，考虑到超标准洪水样本数据的不足，在率定和验证过程中需要充分论证模型的有效性；另一方面是输入误差，主要来自超标准洪水监测的不确定性，在极端天气条件下进行洪水监测，可能呈现碎片化的数据序列，甚至产生噪声数据，因此需要对不连续的数据与历史数据比对分析来尽可能减小误差，保证实时计算精度。

网格系统采用面向多空间尺度超标准洪水灾害评估理论的网格分区与网格剖分。充分考虑计算区内河流水系、堤防工程、公路、铁路等局部特征以及土地利用方式、县乡区划等区域、流域洪水灾害统计特性，对研究对象进行网格分区和编码；在网格分区内，分别针对局部、区域、流域等不同空间尺度建立高、中、低等不同分辨率的网格系统，形成网格拓扑数据集（图 4.1-1），为不同空间尺度超标准洪水影响计算提供基础，也为不同尺度超标准洪水灾害评估提供统计依据。

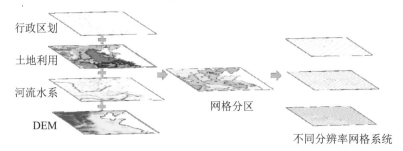

行政区划
土地利用
河流水系
DEM
网格分区
不同分辨率网格系统

图 4.1-1　面向多空间尺度超标准洪水灾害评估理论的网格分区与网格剖分示意图

4.2　局部尺度基于非结构网络的有限体积数学模型

4.2.1　控制方程

模型建立在二维非恒定流方程的基础上，其基本方程如下：

（1）连续方程

$$\frac{\partial H}{\partial t} + \frac{\partial M}{\partial x} + \frac{\partial N}{\partial y} = 0 \tag{4.2-1}$$

（2）动量方程

$$\frac{\partial M}{\partial t} + \frac{\partial (uM)}{\partial x} + \frac{\partial (vM)}{\partial y} + gH\frac{\partial Z}{\partial x} + g\frac{n^2 u \sqrt{u^2+v^2}}{H^{1/3}} = 0 \tag{4.2-2}$$

$$\frac{\partial N}{\partial t} + \frac{\partial (uN)}{\partial x} + \frac{\partial (vN)}{\partial y} + gH\frac{\partial Z}{\partial y} + g\frac{n^2 v \sqrt{u^2+v^2}}{H^{1/3}} = 0 \tag{4.2-3}$$

式中：H——水深；

Z——水位；

M,N——x,y 方向的单宽流量；

u,v——流速在 x,y 方向的分量；

n——糙率系数；

g——重力加速度；

t——时刻。

整理成守恒形式为：

$$\frac{\partial U}{\partial t} + \frac{\partial F(U)}{\partial x} + \frac{\partial G(U)}{\partial y} = S(U,x,y) \qquad \Omega \times [0,T_s] \qquad (4.2\text{-}4)$$

其中

$$U = \begin{bmatrix} h \\ hu \\ hv \end{bmatrix}$$

$$F(U) = \begin{bmatrix} hu \\ hu^2 + \dfrac{gh^2}{2} \\ huv \end{bmatrix}$$

$$G(U) = \begin{bmatrix} hv \\ huv \\ hv^2 + \dfrac{gh^2}{2} \end{bmatrix}$$

$$S = \begin{bmatrix} 0 \\ gh(S_{ox} - S_{fx}) \\ gh(S_{oy} - S_{fy}) \end{bmatrix}$$

$$S_{ox} = -\frac{\partial Z_b}{\partial x}, S_{oy} = -\frac{\partial Z_b}{\partial y}$$

$$S_{fx} = n^2 u \sqrt{u^2 + v^2} h^{-4/3}$$

$$S_{fy} = n^2 v \sqrt{u^2 + v^2} h^{-4/3}$$

式中：S_{ox} 和 S_{oy}——x 和 y 方向的底坡源项；

S_{fx} 和 S_{fy}——x 和 y 方向的摩阻坡降；

T_s——持续时间；

n——曼宁系数；

Z_b——河底高程。

4.2.2　方程离散

将物理变量定义在网格中心(图 4.2-1)，将式(4.2-4)在控制体 Ω 上积分有：

$$\int_{\Omega i}\left(\frac{\partial U}{\partial t}+\bigtriangledown \cdot E\right)\mathrm{d}\Omega=\int_{\Omega i}S\mathrm{d}\Omega \qquad (4.2\text{-}5)$$

其中，$E=[F,G]$。

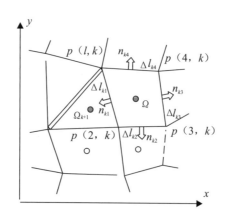

图 4.2-1　二维模型有限体积求解示意图

运用高斯公式将体积分化为沿控制体边界的线积分，离散后整理有：

$$\Delta U=-\frac{\Delta t}{\Delta S_k}\sum_{i=1}^{m}(E_{ki}\cdot n_{ki})\Delta l_{ki}+\frac{\Delta t}{\Delta S_k}\overline{S} \qquad (4.2\text{-}6)$$

式中：m——各网格单元的边的个数；

　　　Δl_{ki}——其对应的边长；

　　　E_{ki}，n_{ki}——通过边 i 的数值通量和外法向单位向量；

　　　$\overline{S}$——源项在网格单元内的积分值，$\overline{S}=\overline{S}_o+\overline{S}_f$。

采用基于近似黎曼解计算界面通量，最终可在网格内求得水深、流速等丰富的全水力要素，分析得出淹没范围、最大淹没水深分布以及淹没历时等动力学特征，为局部尺度超标准洪水灾害评估提供输入。

4.2.3　算例验证

由于超标准洪水流态复杂，甚至存在水流间断现象，洪水在蓄滞洪区内演进以及河道江心洲淹没还涉及地形的干湿变化，对模型要求较高，模型初步选取了 3 个反映复杂水流特性的经典算例对模型进行了检验，二维方形非对称溃坝算例用于检验模型捕捉激波以及处理干湿边界的能力，非平底溃坝水流算例用于检验水量的守恒性、模型处理复杂地形的能力及模型的稳定性，二维对称矩形溃坝算例作为物理实验实测算例用于检验模型的准确性。

（1）二维方形非对称溃坝算例

Fennema 等为研究溃坝问题进行了非对称方形溃坝试验，此算例为溃坝模型验证的经典算例，常用来检验数值算法捕捉激波以及处理干湿边界的能力。计算区域为一个 200m×200m 的矩形区域，中间设置一挡水板将区域分开（图 4.2-2）。挡水板中间有一个长 75m、宽 10m 的闸门，闸门突然提起时水流溃决，形成向下的激波。采用四边形网格离散计算区域，平均步长 5m,闸门位置进行了网格加密,开始时上游水深 10m,下游水深 0m。

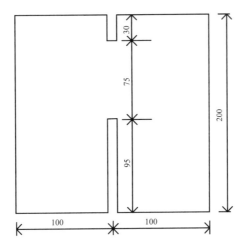

图 4.2-2 二维方形非对称溃坝平面图(单位:m)

(2)非平底溃坝水流算例

算例计算区域呈矩形,长、宽分别为 75m 和 30m,底部分别有两个直径 13m、高 1m 和一个直径 17.2m、高 2m 的挡水建筑物,高程为:

$$Z_b(x,y)=\begin{cases}1-[(x-30)^2+(y-8)^2/42.25] & ((x-30)^2+(y-8)^2\leqslant 42.25)\\1-[(x-30)^2+(y-22)^2]/42.25 & ((x-30)^2+(y-22)^2\leqslant 42.25)\\2-[(x-52)^2+(y-15)^2]/36.98 & ((x-52)^2+(y-15)^2\leqslant 73.96)\\0 & (其他)\end{cases} \quad (4.2\text{-}7)$$

图 4.2-3 为 7.2s 时的水位变化图与水深等值线图,计算结果与已有文献结果较为一致。由于上下游水位相差较大,水波速度较快,此时已形成了反射波向回传播。由计算结果可知,模型在捕捉激波以及处理干湿边界时稳定性较好。

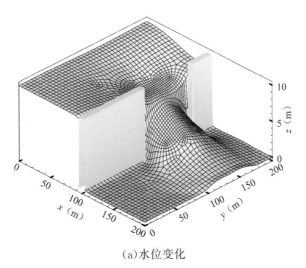

(a)水位变化

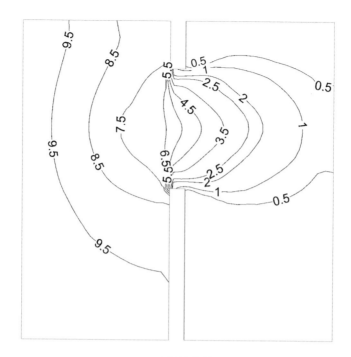

(b)水深等值线

图 4.2-3　7.2s 时溃坝计算结果(单位:m)

采用固壁边界条件,计算区域内 $x \leq 16\text{m}$ 的水深 2m,其余为 0m,计算区域由 2661 个网格组成,空间步长为 1m,带高程的网格见图 4.2-4(a)。王志力、张大伟等都曾用类似算例来检验格式对干湿边界的处理和水量的守恒性,同时算例也可以反映模型处理复杂地形的能力及模型的稳定性。

溃坝洪水的淹没过程见图 4.2-4。洪水首先淹没了两个较小的挡水建筑物,接着洪水波主要从两者中间冲向下游较大的挡水建筑物,水流爬坡后由于地势较高而从其两侧穿过再向水池底部运动,水流受底部阻挡又反射回去,水波在反复震荡后,最后在阻力的作用下趋于静止。计算开始时的水量为 960m³,结束时的水量为 960.23m³,相对误差在 0.024% 左右。模型能够很好地处理复杂地形上水体运动的干湿变化,同时也具有很好的水量守恒性。

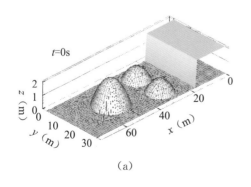

(a)

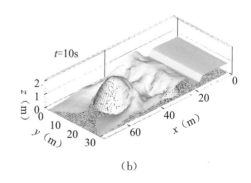

(b)

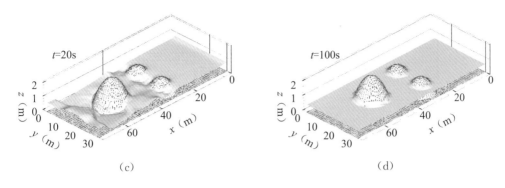

图 4.2-4　溃坝洪水淹没过程

（3）二维对称矩形溃坝算例

算例物理模型为长 4m、宽 2m 的矩形区域，水库长 1m，水库下游河道长 3m（图 4.2-5）。溃口宽度为 0.4m，位于大坝的中间位置。模型设置 5 个测点，测点坐标见表 4.2-1。采用三角形网格对溃口位置进行加密形成混合网格（图 4.2-6），计算空间步长为 0.04m，计算开始时水库水深 0.6m，下游滩地 3 个边界为自由出流开边界，水深为 0m，区域内没有地形变化。计算时糙率取值 0.02。模型计算的水深值与测量值比较结果见图 4.2-7。

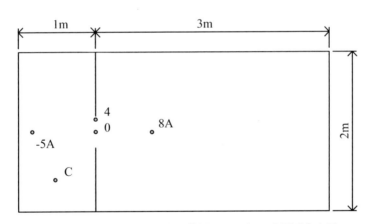

图 4.2-5　二维对称矩形溃坝算例平面几何尺寸及测点布置

表 4.2-1　测点坐标

测点	−5A	C	4	0	8A
x(m)	0.18	0.48	1.00	1.00	1.722
y(m)	1.00	0.40	1.16	1.00	1.00

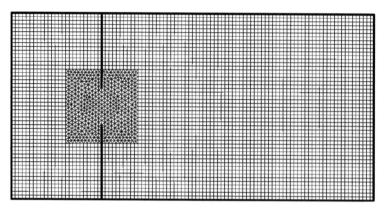

图 4.2-6　二维对称矩形溃坝算例分块混合网格

由图 4.2-7 可以看出,在水库溃决的开始阶段,水库水面有不同程度的震荡。这主要是由水库边界对水波的反射引起的,特别在溃口附近水位下降速度较快,同时洪水形成了向下游运动的激波。由计算结果可知,计算值与测量值比较吻合,模型较好地模拟了算例中洪水的实际过程。

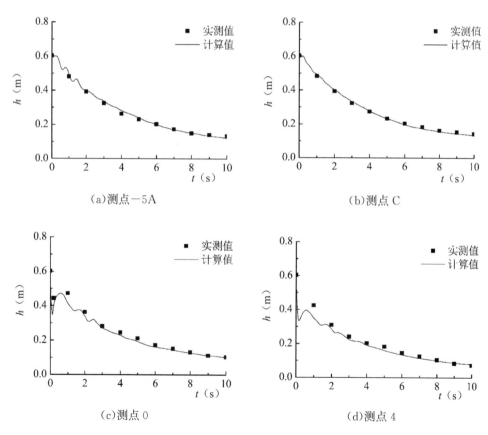

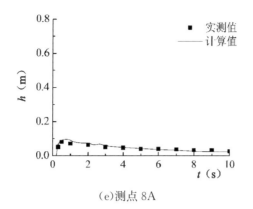

(e)测点 8A

图 4.2-7　测点计算水深与实测水深变化过程对比

4.3　区域、流域尺度超标准洪水影响计算

4.3.1　一、二维耦合模型的构建

4.3.1.1　河道加一编码算法

一维模型水流连续方程和运动方程为:

$$\frac{\partial A}{\partial t}+\frac{\partial Q}{\partial x}=q_l \tag{4.3-1}$$

$$\frac{\partial Q}{\partial t}+\frac{\partial}{\partial x}\left(\frac{Q^2}{A}\right)=-gA\left(\frac{\partial Z}{\partial x}+S_f\right)+U_l q_l \tag{4.3-2}$$

式中:Q——断面流量;

Z——断面水位;

A——过水面积;

q_l——旁侧入流;

S_f——摩阻坡度;

t——时刻;

U_l——侧入流沿水流方向的速度分量,若旁侧入流垂直于干流,则 $U_l=0$。

在流域尺度,河道采用加一编码,通过对河道分级分区进一步提高流域大尺度洪水模拟计算的效率。加一编码算法是一种可并行计算的洪水演进河网分级方式。通过分析水流的演进过程可知,一条河段是否能参与当前时刻的计算完全取决于它的所有上游河段在当前时刻是否都已计算完成。因为洪水演进依赖于交汇点的流量、水位传递,并依据流量守恒和能量平衡的相容关系进行。换言之,一条河段必须等待它的上游河段已完成计算才能参与到计算中。计算过程中,在同一时刻会出现较多的同级河段处于等待状态,级别越低越是如此。加一编码算法认为每个河段的级别数等于它的所有后继河段的最大级别数加一,所

89

以这种分级方式的实现依赖于树形河段数据结构(图 4.3-1)。

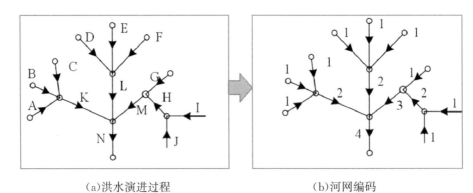

(a)洪水演进过程　　　　　　　　　(b)河网编码

图 4.3-1　加一编码算法示意图

4.3.1.2　一、二维水动力模型耦合

构建一、二维水动力耦合模型,在局部河段和分蓄洪区段分别实现一、二维模型纵向与横向耦合,构建耦合模型,为不同尺度洪水影响计算提供模型基础。

(1)一、二维模型纵向耦合

对于河道洪水模拟的一、二维模型耦合计算,采用的水力要素在耦合界面位置要保持一致,如采用重叠区域法等(图 4.3-2)。一般条件下,水位条件可以直接分布在二维计算单元上;而在进行流速分布时,如果耦合区域底高程的横比降较大,则需要根据水深值按照权重比例分配,如果横比降很小则均匀分配既可。

计算过程中,首先一维模型把重叠区域 σ_1 内的物理量参数传递给二维数学模型作为二维计算的进口边界。一般条件下,水位条件可以直接分布在二维计算单元上;而在进行流速分布时,如果耦合区域底高程的横比降较大,则需要根据水深值按照权重比例分配,如果横比降很小则均匀分配即可;二维模型再把耦合区域 σ_2 和 σ_3 内的各变量计算值传递给一维数学模型,一、二维模型各自计算,接着重复以上两过程进行下一个时间步长 Δt 计算。算法的具体实施方式见图 4.3-3。

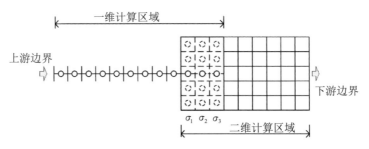

图 4.3-2　一、二维模型纵向耦合示意图

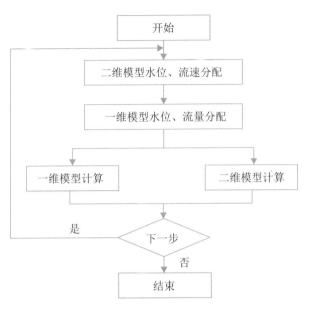

图 4.3-3   河道洪水耦合模型求解示意图

（2）一、二维模型横向耦合

对于规模较大的堤防,溃堤洪水的水流特性与宽顶堰很相似,溃口流量可采用宽顶堰流公式(表 4.3-1),计算的流量 Q 与口门位置的水位作为二维模型的计算件(图 4.3-4)。

表 4.3-1   宽顶堰公式及适用条件

序号	流量	适用条件	示意图
①	$Q=0.35h_1\sqrt{2gh_1l_b}$	$\dfrac{2}{3}\leqslant\dfrac{h_2}{h_1}$ 自由出流	
②	$Q=0.91h_2\sqrt{2g(h_1-h_2)l_b}$	$\dfrac{2}{3}<\dfrac{h_2}{h_1}$ 淹没出流	

注:$h_1=\max(Z_1,Z_2)-Z_b$;$h_2=\max(\min(Z_1,Z_2)-Z_b,0)$;$l_b$ 为口门宽度。

将堰流公式计算的流量 Q 与口门位置的水位作为二维模型的计算条件,其中一维模型把旁侧入流 q_l 作为源项,同时二维模型返回网格平均的水位给一维模型来进行下一时段的计算,算法的具体实施方式见图 4.3-5。

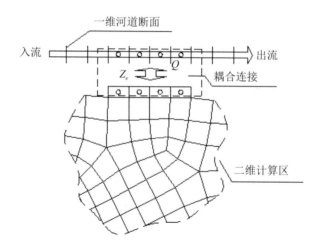

图 4.3-4　一、二维模型横向耦合示意图

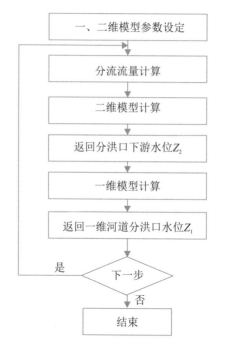

图 4.3-5　溃堤洪水耦合模型计算示意图

4.3.1.3　误差校正

对于大规模超标准洪水,应急观测是获取灾害影响范围的重要手段,同时应急观测的结果可对模型计算进行校正。本章考虑了对计算水位的误差修正,一方面可直接对结果进行修正,另一方面也可以对糙率进行修正,即将计算水位与观测水位的差值作为水位计算误差,将计算误差和糙率作为训练样本数据集,利用 BP 神经网络较强的非线性映射能力和稳定的网络结构对糙率值进行修正。

计算时,首先生成观测点所在各糙率分区取值范围内的随机取样糙率值,并对二维模型糙率参数进行重写。通过反复修改糙率参数进行模型多次的模拟运算。程序对计算结果数据处理,合并水位计算误差和糙率值构成数据集。单次迭代生成样本数为 i 的数据集,其中 i 为正整数。通过对样本的训练和学习,当检验样本误差小于 5% 时训练完成,得到率定糙率参数。自动率定程序的流程见图 4.3-6。

采用 4.2 节二维对称矩形溃坝算例,以 5 个测点 2s 的实测数据作为输入,分别选取 0.01m 作为允许误差,对糙率值设置单次迭代样本数为 50,率定程序运行后得到率定糙率值见表 4.3-2。

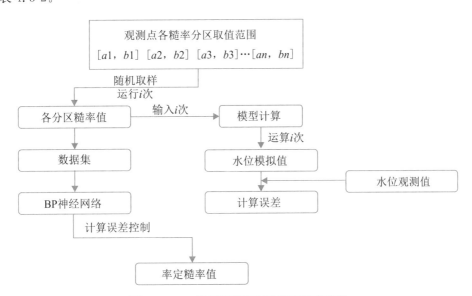

图 4.3-6　二维模型糙率自动率定程序流程

表 4.3-2　　　　　　　　　　　　　　　　　　率定糙率值

序号	点号	观测糙率值	率定糙率值
1	−5A	0.0191	0.0196
2	C	0.0192	0.0196
3	4	0.0192	0.0198
4	0	0.0195	0.0204
5	8A	0.0191	0.0203

4.3.2　区域、流域尺度快速模拟模型建立求解

4.3.2.1　快速模拟模型求解

仍然以式(4.2-1)至式(4.2-3)为控制方程,基于非结构网格系统,进行二维快速模型的搭建。为了达到既简化计算方法,提高模型运算速度,又保证基本控制方程的守恒性、稳定

性和较高的计算精度的目的,模型在基本状态变量的离散化布置方式上,在网格的形心计算水深,在网格周边通道上计算法向单宽流量,同时水深与流量在时间轴上分层布置,交替求解(图4.3-7)。模型物理意义清晰,并且有利于提高计算的稳定性。针对基本方程的离散化求解,模型仍采用有限体积法。

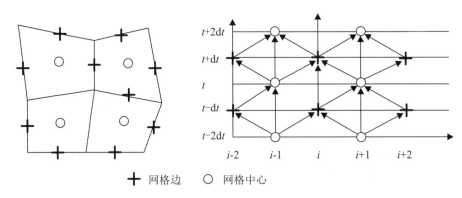

＋ 网格边　○ 网格中心

(a)空间分布网格上的变量关系　　　　(b)时间计算中的变量关系

图4.3-7　变量关系示意图

将式(4.3-1)改写成矢量形式,根据有限体积法,将其控制体内进行积分,对水位和流量按时间交错方式计算,则可离散为:

$$H_i^{t+2\mathrm{d}t} = H_i^t + \frac{2\mathrm{d}t}{A_i}\sum_{k=1}^{K} Q_{ik}L_{ik} \tag{4.3-3}$$

式中:A_i——第i个网格的单元面积;

L_{ik}——i号网格的第k号边的长度;

Q_{ik}——i号网格的第k号边的单宽流量。

根据研究区域内的自然水流条件及不同建筑物类型,对动量方程做相应的简化,分别采取不同的简化和离散格式,对于地面水流运动,主要受重力与阻力作用,动量方程的离散化形式为:

$$Q_i^{t+\mathrm{d}t} = \mathrm{sign}(Z_{j1}^t - Z_{j2}^t)h_j^{5/3}\left(\frac{|Z_{j1}^t - Z_{j2}^t|}{\mathrm{d}L_j}\right)^{1/2}\frac{1}{n_j} \tag{4.3-4}$$

式中:sign——取同符号;

$Q_i^{t+\mathrm{d}t}$——$t+\mathrm{d}t$时刻第i号网格边与两侧单元网格交换的单宽流量;

Z_{j1}^t和Z_{j2}^t——网格边两侧单元的水深;

h_j——网格边上平均水深;

$\mathrm{d}L_j$——网格边两侧形心至网格边重点距离之和。

4.3.2.2　嫩江胖头泡分洪算例验证

胖头泡蓄滞洪区位于黑龙江省肇源县西北部,嫩江与松花江干流的左岸,东西宽约

46km,南北长约 58km,地势从西北向东南逐渐降低,总面积 1994km² ,是松花江流域防洪工程体系的重要组成部分。1998 年嫩江、松花江大洪水造成多处堤防决口,嫩江右岸泰来大堤与左岸胖头泡溃堤洪水规模较大,其中胖头泡堤段分洪高达 64.3 亿 m³ ,在一定程度上降低了下游水位,缓解了哈尔滨市的防洪压力。2001 年 4 月,国务院批准了《关于加强嫩江松花江近期防洪建设的若干意见》,提出建设胖头泡蓄滞洪区,作为松花江流域防洪工程体系的重要组成部分。

模型洪水计算时间从 1998 年 8 月 1 日 8 时至 1998 年 9 月 20 日 8 时。1998 年洪水胖头泡溃堤肇源农场附近,地形与溃口位置见图 4.3-8,模型采用 30112 个网格覆盖胖头泡蓄滞洪区计算区域,网格的平均步长为 750m,在溃口位置进行了局部加密,空间步长约为 100m。

图 4.3-9 为胖头泡溃堤洪水模拟淹没过程。可以看出,洪水决口后,洪水迅速流入东北低洼处,形成巨大的淹没区,随着时间的推移,洪水向东北和东南方向传播,320h 后洪水到达蓄滞洪区的东南角松花江干流处,此时洪水回归松花江。模型计算的淹没过程、淹没范围与实际观测的淹没过程及淹没范围相一致,其中模型计算的洪水淹没面积为 1201km²,与洪水调查测量的淹没面积 1160km² 较为接近,因此模型可以为蓄滞洪区的防洪规划、预报预警提供技术支持。

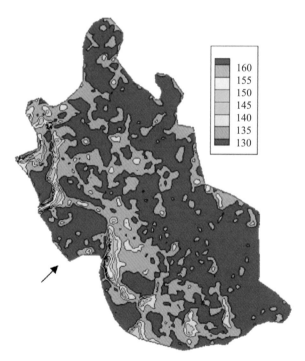

图 4.3-8　胖头泡蓄滞洪区地形及溃口位置图

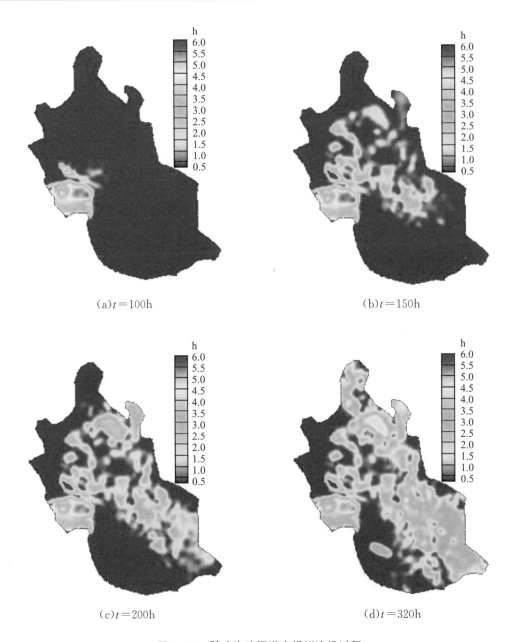

(a)$t=100$h (b)$t=150$h

(c)$t=200$h (d)$t=320$h

图 4.3-9　胖头泡溃堤洪水模拟淹没过程

4.4　GPU、CUP 并行加速计算技术

为提高超标准洪水灾害实时动态定量评估模型的计算速度,特别是流域尺度和局部尺度模型运算,采用当前比较流行的 GPU 异构并行加速方法对超标准洪水灾害实时动态定量评估模型进行重构。模型将在 CPU 上对数据进行读取,并对变量定义及初始化,初始化后的数组变量将被拷贝至 GPU 显存进行存储,而后进行并行计算。计算内容将按照矩阵方式被分配至每个 GPU 计算线程,对通量及源项等进行并行计算,计算完毕后将计算结果重新

拷贝至显存CPU中。大量数据的传输将大大降低计算效率,因此减少GPU与CPU之间数据的传输次数将有效减少数据交换所产生的损耗。

4.4.1 并行计算系统

机群是一组独立的计算机(节点)的集合体,节点间通过高性能网络连接,各节点可以作为单一的计算资源供交互式用户使用,还可以协同工作并表现为一个单一的、集中的计算资源供并行计算使用。机群是一种造价低廉、易于构建并且具有良好可扩展性的并行体系结构。因此,采用上述搭建机群系统的策略,客户中性能各异的计算机均可纳入机群系统。并行计算系统组成见图4.4-1。

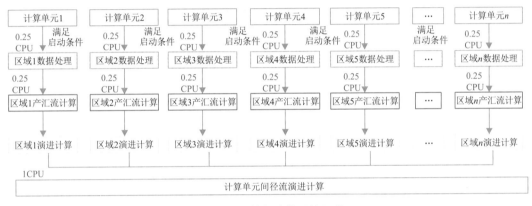

图4.4-1 并行计算系统组成

1)设置服务器端,用于接收多个客户端发来的不同计算任务申请,并调配现有可用的计算节点给客户端;

2)设置客户端,负责处理本次计算任务的输入输出数据收发处理,与各个计算节点上的节点监控模块进行通信;

3)设置节点监控模块,监测本节点上运行的计算程序的执行情况;

4)计算程序,负责具体计算任务的执行。

4.4.2 计算资源动态分配

工程实践中面临大量具有输入输出少、消耗内存大、运算量大、运算过程无数据交互需求等特点的计算任务。针对此类计算任务,可将其封装为单一计算线程的可执行程序,并预先布置在所有计算节点上;在各节点设置节点监控模块,采用进程动态分配技术,并行调用多个计算程序工作。具体执行步骤为:

1)客户端通过MPICH并行计算命令远程调用参加本次计算任务的计算节点上的节点监控模块;

2)节点监控模块实时读取节点CPU处理器的处理核心数量,按CPU核心数量启动对

应数量的计算程序并行执行;实时监控当前节点上所有计算程序的运行状态;

3)节点监控模块通过 TCP/IP 网络通信协议将当前节点的计算状态返回给客户端;

4)客户端负责收集齐参加本次计算任务的所有节点的状态返回值后,对计算结果进行统计分析;

5)客户端将本次计算任务的结果上报给服务器端。

综上可知,假设 1 次计算任务有 X 个计算节点参与,每个计算节点的 CPU 核心数量为 Y,那么同时可以有 XY 个计算程序并行执行,是单线程执行效率的 XY 倍。

4.4.3　并行计算配置

构建实现洪水计算内核的并行模拟和并行调度,可有效地降低洪水分析计算时间和提高海量数据交互的效率。

(1)并行模拟

可实现空间、时间和子过程的并行模拟。空间可并行:模型含有多个流域,很多模拟单元(坡面、栅格),在考虑模拟单元之间计算依赖关系的基础上,将不同模拟单元的计算任务分配到多个计算单元上进行空间分解方式的并行计算。时间可并行:从时间角度看,洪水模拟在一个连续时间序列的多个时刻进行,上一时刻的输出作为下一时刻的输入。

(2)并行调度

并行调度算法需要以"资源消耗小、计算效率高"为目标,设计有效的、稳定的并行调度算法,满足实时连续模拟的需求。服务器端与客户端异步 TCP/IP 实现技术。

4.4.4　洪水分析并行计算

流域洪水并行模拟是一个动态多元化的复杂过程,各计算节点配置和状态互补相同,随着时间的推进,计算节点的性能及状态也随之发生变化。通过并行计算机制确保通信效率、计算效率,可操作性强,可对计算过程中的所有进程的运行状况实时监控,方法具有通用性。

4.5　小结

本章提出了流域超标准洪水不同空间尺度洪水灾害影响计算方法,在局部尺度,利用二维精细化模型计算超标准洪水灾害影响范围以及洪水淹没水深、淹没历时等全要素信息;在区域和流域尺度,构建一、二维水动力耦合模型,其中重点河段与蓄滞洪区构建二维快速计算模型进行区域洪灾影响快速模拟,并建立基于多线程异构并行优化的模型加速算法,提高流域超标准洪水的计算速度,以长江流域荆江分洪区、嫩江流域胖头泡蓄滞洪区和沂沭泗流域沂左朱家庙蓄滞洪区为例进行了不同工况条件下的超标准洪水模拟。

第5章 不同空间尺度超标准 洪水灾害实时动态定量评估模型

　　超标准洪水灾害评估是进行洪水风险调控、采取综合应急措施的重要基础与技术支持。目前,国内外针对局部精细尺度的洪水灾害评估研究较多,针对流域尺度、区域尺度超标准洪水灾害评估方面的研究较为薄弱,评估指标、方法以及模型的研究仍处于探索阶段,尚未建立实用简单且能充分反映系统特性的洪水灾害评估指标体系及评估方法。一些评估模型也存在计算量大、实际操作复杂、精度低、影响因素考虑不全等缺陷,难以对洪水灾害做出较为精确的快速定量动态评估;从而导致流域超标准洪水灾害评估在时效性、准确性、动态性等方面难以有效支撑流域超标准洪水风险调控、综合应急管理等方面的实际需求。

　　因此,基于前面超标准洪水灾害评估理论与方法、洪水影响计算方法等研究成果开展超标准洪水灾害实时动态定量评估模型的研究是有必要的。特别是针对不同空间尺度情况下,超标准洪水灾害评估模型仍然欠缺,因此充分研究超标准洪水灾害评估体系,构建流域、区域、局部不同空间尺度超标准洪水灾害实时动态定量评估模型,具有非常重要的科学意义和实践价值。

　　通过本章节的研究,建立不同空间尺度超标准洪水灾害动态定量评估模型,明确模型技术流程、模型计算方法、模型输入与输出以及模型结果展示方案,以期实现流域超标准洪水灾害的实时动态快速定量评估,为不同尺度超标准洪水调度决策和实时应对提供参考。具体来说,对于流域、区域尺度超标准洪水灾害评估,可让决策者对于流域、区域内的整体洪水情况和可能的灾损评估时空分布有一个整体的预判,为整体统筹流域、区域内分蓄洪区、水库工程的运用提供重要依据;对于局部尺度超标准洪水灾害评估,可为决策者提供精细的灾损评估结果,为紧急启动应急响应,组织群众避险转移、安置、灾后重建等方面提供重要的技术支撑。

5.1　局部尺度超标准洪水灾害实时动态定量评估模型

　　局部尺度评估模型是针对范围较小的局部区域,基于详细且精细的降雨、洪水观测、社会经济统计与调查的数据,采用二维水动力模型对超标准洪水进行实时动态精细化模拟并对超标准洪水进行精细化灾害评估,是一种能够较为细致、透彻地分析洪水灾害损失的评估

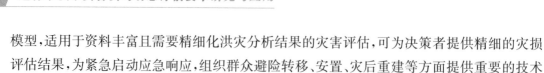

模型,适用于资料丰富且需要精细化洪灾分析结果的灾害评估,可为决策者提供精细的灾损评估结果,为紧急启动应急响应,组织群众避险转移、安置、灾后重建等方面提供重要的技术支撑。

5.1.1 模型技术流程

局部尺度模型技术流程见图 5.1-1。

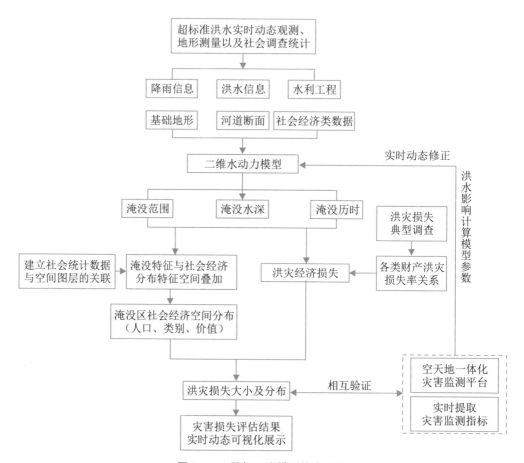

图 5.1-1 局部尺度模型技术流程

1)通过超标准洪水实时动态观测的降雨、洪水等信息作为模型的输入数据。

2)利用二维水动力模型进行超标准洪水实时动态模拟,用于局部重点河段洪水模拟,采用非结构网格系统下的有限体积法构建模型,计算超标准洪水灾害淹没范围以及洪水淹没水深、淹没历时等全要素信息。

3)根据搜集的社会经济调查资料、社会经济统计资料以及空间地理信息资料,将社会经济统计数据与相应的空间图层建立关联。

4)将洪水淹没特征分布与社会经济特征分布通过空间地理关系进行拓扑叠加,获取洪水影响范围内不同淹没水深下社会经济不同财产类型的价值及分布。

5)选取具有代表性的典型地区、典型单元、典型部门等分类做洪灾损失调查统计,根据调查资料估算不同淹没水深(历时)条件下各类财产洪灾损失率,建立淹没水深(历时)与各类财产洪灾损失率关系表或关系曲线。

6)根据影响区内各类经济类型和洪灾损失率关系,计算洪灾经济损失。

7)通过与天空地一体化灾害监测平台实时提取的监测指标相互验证,实时动态修正步骤2)中的洪水影响计算模型参数。

8)灾害损失评估结果实时动态可视化展示。

5.1.2 模型计算方法

(1)超标准洪水实时动态模拟

采用第3章研究的局部尺度超标准洪水模拟模型触发二维水动力模型计算,用于局部重点河段洪水模拟,考虑堤防、分蓄洪等工程影响,基于高分辨率网格采用非结构网格系统下的有限体积法构建模型,能够进行复杂地形条件以及大梯度或者间断水流条件的洪水计算,对局部河段或者重要分蓄洪区的影响范围以及洪水淹没水深、淹没历时等水动力学特征进行计算分析,为局部尺度超标准洪水灾害评估提供全要素信息支撑。

(2)超标准洪水灾害实时动态评估

采用第4章提出的局部尺度超标准洪水灾害评估方法,进行灾害评估。评估的指标包括洪水危险性指标和后果影响指标。其中,后果影响指标又包括社会影响指标和经济影响指标。洪水危险性指标评估结果通过水文统计和二维水动力模型模拟获得,后果影响指标评估结果通过空间叠加、数据统计、承灾体损失率曲线方法获得。

1)空间叠加:基于GIS软件的叠加分析功能,将淹没图层分别与行政区图层、需要评估的指标图层相叠加,得到对应不同洪水方案不同淹没水深等级下的灾害损失。

2)承灾体损失率曲线方法:承灾体损失率指各类财产损失的价值与灾前或正常年份原有各类财产价值之比。影响洪灾损失率的因素包括淹没程度(水深、历时等)、财产类型、成灾季节、抢救措施等。一般按不同地区、承灾体类别分别建立承灾体损失率与淹没程度(水深、历时、流速、避洪时间)的关系曲线或关系表。为确定研究区域各淹没等级、各类财产的损失率,通常在洪灾区(亦可在相似地区近几年受过洪灾的地方)选择一定数量、一定规模的典型区做调查,再结合成灾季节、范围、洪水预见期、抢救时间、抢救措施等,建立承灾体损失率与淹没深度、时间、流速等因素的相关关系。在确定了各类承灾体受淹程度、灾前价值之后,根据承灾体损失率关系,即可分类进行各类承灾体的灾害损失估算。

5.1.3 模型输入与输出

(1)模型的输入

模型的输入数据类型见表5.1-1。输入数据类型如下:通过气象局、水文局或者实际测量获得的气象资料、水文资料、基础地形图资料、河道断面资料、水利工程资料等主要用于超标准洪水实时动态模拟;通过超标准洪水实时监测获得的淹没面积、淹没水深、水面高程用于超标准洪水实时动态模拟结果的验证,同时可用于超标准洪水灾害的评估;承灾体数据用于超标准洪水灾害的评估;通过社会调查统计获得的社会经济类数据用于超标准洪水灾害的评估。

表 5.1-1　　　　　　　　　　　　　　局部尺度模型输入类型

序号	输入数据类型	具体数据类型	单位	来源	用途
1	气象资料	降雨和蒸发数据	/	气象局、水文局或者实际测量	用于超标准洪水实时动态模拟
2	水文资料	包括水文、水位站点分布和实测水文资料	/		
3	基础地形图资料	含高程、居民地、交通、流域水系、植被等图层在内的全要素 DLG 矢量图层和 DEM 数据	/		
4	河道断面资料	现状河道纵、横断面实测资料	/		
5	水利工程资料	包括水库、堤防、闸坝等资料	/		
6	水体	淹没面积	km²	超标准洪水实时监测的数据	用于超标准洪水实时动态模拟结果的验证以及超标准洪水灾害的评估
		淹没水深	m		
		水面高程	m		
7	承灾体	耕地、园地、林地、住宅、道路、工矿用地;水利工程、多层住宅、农村住宅、城市道路绿化设施、一般道路、商业休闲设施用地、公共基础设施用地	/		用于超标准洪水灾害的评估
8	社会经济类数据	人口	人	社会调查统计	用于超标准洪水灾害的评估
9		GDP	亿元		
10		房屋面积	km²		
11		耕地面积	km²		
12		工矿企业个数	个/座		
13		道路长度	km		
14		水利工程设施数量	个/座		
15		房屋价值	亿元		
16		家庭财产	亿元		
17		农业产值	亿元		
18		工矿企业固定资产与流动资产	亿元		
19		交通道路修复费用	亿元		
20		水利工程设施修复费用	亿元		

（2）模型的输出

模型的输出主要包括两大类，输出结果类型见表 5.1-2。一类是危险性指标结果的输出，其中降雨频率和洪水频率利用水文统计方法得到，淹没面积、淹没水深、淹没历时、洪水流速、到达时间等根据二维水动力模型计算结果得到；另一类是后果影响指标结果的输出，包括社会影响和经济影响，通过空间叠加、数据统计和承灾体损失率曲线方法得到。

表 5.1-2　　　　　　　　　　　　局部尺度模型输出结果类型

序号	输出结果类型			具体结果	单位	确定方法
1	危险性			降雨频率	/	水文统计
2				洪水频率	/	水文统计
3				淹没面积	km²	数值模型模拟
4				淹没水深	m	数值模型模拟
5				淹没历时	h	数值模型模拟
6				洪水流速	m/s	数值模型模拟
7				到达时间	h	数值模型模拟
8	后果影响	社会影响		淹没区人口	人	空间叠加，数据统计
9				伤亡人口	人	空间叠加，数据统计
10		经济影响	受淹统计	淹没区 GDP	亿元	空间叠加，数据统计
11				受淹房屋面积	km²	空间叠加，数据统计
12				受淹耕地面积	km²	空间叠加，数据统计
13				受淹工矿企业个数	个/座	空间叠加，数据统计
14				受淹道路长度	km	空间叠加，数据统计
15				水库损毁数量	个/座	数据统计
16				堤防损毁数量	个/座	数据统计
17				蓄滞洪区启用数量	个/座	数据统计
18			经济损失	房屋损失	亿元	承灾体损失率曲线
19				家庭财产损失	亿元	承灾体损失率曲线
20				农业损失	亿元	承灾体损失率曲线
21				工矿企业损失	亿元	承灾体损失率曲线
22				交通道路损失	亿元	承灾体损失率曲线
23				水利工程设施直接经济损失	亿元	数据统计

5.1.4　模型结果展示

（1）二维水动力学计算结果

对如淹没面积、淹没水深、淹没历时、洪水流速等数据进行专题图展示，并以地图的方式动态展示淹没范围、淹没水深随时间的变化。

（2）灾害评估结果

对如淹没区人口、伤亡人口、淹没区 GDP、受淹房屋面积、受淹耕地面积、受淹工矿企业个数、受淹道路长度、水利工程设施损毁数量、房屋损失、家庭财产损失、农业损失、工矿企业损失等采用定位图表法、范围法、分区统计图表法等进行专题图展示。

5.2 区域尺度超标准洪水灾害实时动态定量评估模型

区域尺度评估模型是针对范围较大的区域，快速评估淹没区域内的灾害情况。相较于局部尺度需要的精细化数据，区域尺度主要是以土地利用类型为承灾体分类，建立包括农田、城市、建设用地、水域等土地利用类型与洪水特征之间的关系，结合洪水特征，评估洪水造成的影响和损失。适用于资料相对较少且范围较大的灾害评估，可让决策者对于区域内的整体洪水情况和可能的灾损评估时空分布有一个整体的预判，为整体统筹区域内水利工程的运用提供重要依据。

5.2.1 模型技术流程

区域尺度模型技术流程见图 5.2-1。

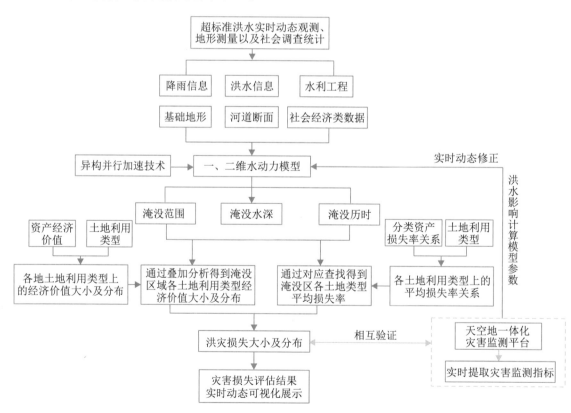

图 5.2-1 区域尺度模型技术流程

1)通过超标准洪水实时动态观测的降雨、洪水等信息作为模型的输入数据。

2)利用一维水动力模型进行长河道洪水模拟,启用二维快速模型用于局部重点河段与分蓄洪区域的洪水模拟,计算超标准洪水灾害淹没范围以及洪水淹没水深、淹没历时等。

3)根据经济统计资料,统计分析推算以一定行政区为统计单元的资产经济价值。

4)基于 GIS 平台将资产经济价值展布在土地利用类型(主要二级土地类型分类:城镇居民地、农村居民地、水田、旱田、林地、草地、水域等),得到各种土地利用类型资产价值。

5)根据分类资产损失率关系按照加权或算术平均的方法建立各土地利用类型平均损失率与淹没特征对应关系。

6)根据区域具体的淹没范围通过空间叠加运算确定淹没区各土地利用类型资产价值;根据区域淹没水深查出相应的土地利用类型的平均洪灾损失率。

7)将各土地利用类型上的资产价值与相应的损失率相乘并加总得到区域的洪灾损失及分布。

8)通过与天空地一体化灾害监测平台实时提取的监测指标相互验证,实时动态修正步骤 2)中的洪水影响计算模型参数。

9)灾害损失评估结果实时动态可视化展示。

5.2.2 模型计算方法

(1)超标准洪水实时动态模拟

采用第 4 章研究的区域尺度超标准洪水模拟模型触发一、二维水动力耦合模型计算:①一维模型用于长河道洪水模拟,且具备模拟河道闸、坝等工程运用的能力,提升河道模型实用性;②二维快速模型用于局部重点河段与分蓄洪区域的洪水模拟,采用非结构网格系统下的有限体积简化模型及其加速算法,能够进行复杂地形条件以及大梯度或者间断水流条件的快速洪水计算;③考虑各模型的边界关系,在局部河段和分蓄洪区段分别实现一、二维纵向与横向耦合。

(2)超标准洪水灾害实时动态评估

评估的指标包括洪水危险性指标和后果影响指标。其中,后果影响指标又包括社会影响指标和经济影响指标。洪水危险性指标评估结果通过水文统计和一、二维水动力模型模拟获得,后果影响指标评估结果通过空间叠加、数据统计、各类土地利用类型损失率曲线法获得。

1)资产经济价值空间展布。

当难以获取诸如矢量点、线、面图层表征地物分布的空间数据,不可能进行细致的社会经济信息空间分析时可采用土地利用数据来代替空间分布矢量数据。土地利用数据多是通过影像分类,简单区分地块类型及其分布,通常选取与损失评估相关的主要土地利用类型

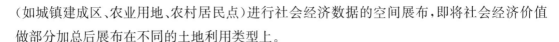

(如城镇建成区、农业用地、农村居民点)进行社会经济数据的空间展布,即将社会经济价值做部分加总后展布在不同的土地利用类型上。

2)各类土地利用类型损失率曲线法。

同一种土地利用类型上分布的各种资产的洪灾脆弱性在一定程度上是相似的,可采用均化处理近似表达该土地利用类型的承灾脆弱性。按照建成区用地、农业用地、农村居民点等土地利用类型计算在一定洪水淹没深度下其相应的平均经济损失率。对于具有细类损失率关系基础的区域根据细类损失率平均值建立区域土地利用类型平均损失率与水深关系。在没有细类损失率关系的区域也可以沿用其他类似区域的成果或者根据历史灾情用回归分析方法等建立土地利用类型与淹没水深的关系。土地利用数据通常以栅格数据存储,每个栅格具有土地利用类型信息,通过洪水影响评估得到淹没区内每个栅格的淹没水深,通过经济价值展布得到该土地利用类型以栅格为计量单位的资产经济价值,通过土地利用类型平均经济损失率与洪水淹没深度之间的关系得到该栅格上的损失率,最后通过每栅格上土地利用类型的财产的价值与相应淹没水深条件下的平均损失率相乘相加得到区域尺度灾害损失。

5.2.3 模型输入与输出

(1)模型的输入

模型的输入数据类型见表5.2-1。输入数据类型如下:通过气象局、水文局或者实际测量获得的气象资料、水文资料、基础地形图资料、河道断面资料、水利工程资料等主要用于超标准洪水实时动态模拟;通过超标准洪水实时监测获得的淹没面积、淹没水深、水面高程用于超标准洪水实时动态模拟结果的验证,同时用于超标准洪水灾害的评估;承灾体数据用于超标准洪水灾害的评估;通过社会调查统计获得的社会经济类数据用于超标准洪水灾害的评估。

表 5.2-1   区域尺度模型输入类型

序号	输入数据类型	具体数据类型	单位	来源	用途
1	气象资料	降雨和蒸发数据	/	气象局、水文局或者实际测量	用于超标准洪水实时动态模拟
2	水文资料	包括水文、水位站点分布和实测水文资料	/		
3	基础地形图资料	含高程、居民地、交通、流域水系、植被等图层在内的全要素DLG矢量图层和DEM数据	/		
4	河道断面资料	现状河道纵、横断面实测资料	/		
5	水利工程资料	包括水库、堤防、闸坝等资料	/		

续表

序号	输入数据类型	具体数据类型	单位	来源	用途
6	水体	淹没面积	km²	超标准洪水实时监测的数据	用于超标准洪水实时动态模拟结果的验证以及超标准洪水灾害的评估
		淹没水深	m		
		水面高程	m		
7	承灾体	耕地、园地、林地、住宅、道路、工矿用地；水利工程、多层住宅、农村住宅、城市道路绿化设施、一般道路、商业休闲设施用地、公共基础设施用地	/		用于超标准洪水灾害的评估
8	社会经济类数据	人口	人	社会调查统计	用于超标准洪水灾害的评估
9		GDP	亿元		
10		耕地面积	km²		
11		城镇用地	km²		
12		农村居民点	km²		
13		道路长度	km		
14		工矿企业个数	个/座		
15		水利工程设施数量	个/座		
16		房屋价值	亿元		
17		家庭财产	亿元		
18		农业产值	亿元		
19		工矿企业固定资产与流动资产	亿元		
20		交通道路修复费用	亿元		
21		水利工程设施修复费用	亿元		

(2)模型的输出

模型的输出主要包括两大类,输出结果类型见表 5.2-2。一类是危险性指标结果的输出,其中降雨频率和洪水频率利用水文统计方法得到,淹没面积、淹没水深、淹没历时、水位、流速等根据一、二维水动力模型计算结果得到;另一类是后果影响指标结果的输出,包括社会影响和经济影响,通过空间叠加、数据统计、各类土地利用类型损失率曲线法得到。

表 5.2-2　　区域尺度模型输出结果类型

序号	输出结果类型			具体结果	单位	确定方法
1	危险性			降雨频率	/	水文统计
2				洪水频率	/	水文统计
3				淹没面积	km^2	数值模型模拟
4				淹没水深	m	数值模型模拟
5				淹没历时	h	数值模型模拟
6				水位	m	数值模型模拟
7				流速	m/s	数值模型模拟
8	后果影响	社会影响		淹没区人口	人	空间叠加，数据统计
9				伤亡人口	人	空间叠加，数据统计
10		经济影响	受淹统计	淹没区 GDP	亿元	空间叠加，数据统计
11				受淹耕地面积	km^2	空间叠加，数据统计
12				受淹城镇用地	km^2	空间叠加，数据统计
13				受淹农村居民点	km^2	空间叠加，数据统计
14				受淹道路长度	km	空间叠加，数据统计
15				水库损毁数量	个/座	数据统计
16				堤防损毁数量	个/座	数据统计
17				蓄滞洪区启用数量	个/座	数据统计
18			经济损失	房屋损失	亿元	各类土地利用类型损失率曲线
19				家庭财产损失	亿元	各类土地利用类型损失率曲线
20				农业损失	亿元	各类土地利用类型损失率曲线
21				工矿企业损失	亿元	各类土地利用类型损失率曲线
22				交通道路损失	亿元	各类土地利用类型损失率曲线
23				水利工程设施直接经济损失	亿元	数据统计

5.2.4　模型结果展示

(1)一维水动力学计算结果

对如河道断面的洪水水位过程、流速等洪水要素，以图表形式展示河道断面的洪水水位过程及洪水流量过程，并根据正常、超警戒、超保证水位对河道水位进行分类专题图显示。

1)河道断面的洪水水位过程展示。

根据河道洪水演进计算结果数据，在地图环境中，点击河道区段内任意一点，显示出该点的洪水水位过程曲线，并结合图表进行展示。

2）河道断面的洪水流量过程展示。

根据河道洪水演进计算结果数据,在地图环境下点击河道区段内任意一点,显示该点的洪水流量过程曲线。

3）河道断面洪峰展示。

根据河道洪水演进计算结果数据,在地图环境下,点击河道区段内任意一点,显示该点的洪水流量过程曲线,标记洪峰、次洪峰,以及洪峰过境时间。

4）河道洪峰动态展示。

根据河道洪水演进计算结果数据,按照时间顺序将不同断面的洪峰以及洪峰流量值在地图环境下以动画的形式显示出来。在动态演示的过程中可以像播放器一样,进行播放、暂停、继续、停止等操作。

（2）二维水动力学计算结果

对如淹没面积、淹没水深、淹没历时、洪水流速等数据进行专题图展示,并以地图的方式动态展示淹没范围、淹没水深随时间的变化。

（3）灾害评估结果

对如淹没区 GDP、受淹耕地面积、受淹道路长度、水利工程设施损毁数量、房屋损失、家庭财产损失、农业损失、工矿企业损失等采用定位图表法、范围法、分区统计图表法等进行专题图展示,以图表的方式动态展示淹没过程中淹没耕地、影响人口及影响 GDP 随时间的变化。

5.3　流域尺度超标准洪水灾害实时动态定量评估模型

流域尺度评估模型是一种更为概化的评估模式。流域尺度是以流域为评估对象,从宏观的角度评估洪水灾害的模式,通过面上综合损失等进行快速整体评估超标准洪水灾害损失,面上综合损失指标（人均、地均指标）的取值则根据历史洪水灾害及经济发展状况综合分析确定。适用于灾中流域调度决策支持、宏观决策分析以及战略研究等场景,可让决策者对于流域内的整体洪水情况和可能的灾损评估时空分布有一整体的预判,为分蓄洪区启用、水库工程调度提供决策参考。

5.3.1　模型技术流程

流域尺度模型技术流程见图 5.3-1。

1）通过超标准洪水实时动态观测的降雨、洪水等信息作为模型的输入数据。

2）利用一维模型进行长河道洪水模拟,且具备模拟河道闸、坝等工程运用的能力;二维快速模型用于局部重点河段与分蓄洪区域的洪水模拟,计算超标准洪水灾害淹没范围以及洪水淹没水深、淹没历时等。

3）根据历史洪灾资料计算历史洪水的综合地均/人均损失值,考虑资产增长因素、损失率变化以及物价等因素进行修正调整得到现状综合人均/地均损失值,计算洪水灾害损失。

4)通过与天空地一体化灾害监测平台实时提取的监测指标相互验证,实时动态修正步骤 2)中的洪水影响计算模型参数。

5)灾害损失评估结果实时动态可视化展示。

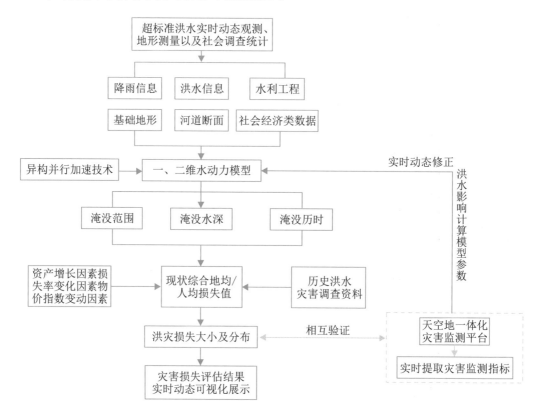

图 5.3-1 流域尺度模型技术流程

5.3.2 模型计算方法

(1)超标准洪水实时动态模拟

触发大尺度一、二维水动力耦合模型:①一维模型用于长河道洪水模拟;②二维快速模型用于重点河段与分蓄洪区域的洪水模拟,宜采用非结构网格系统下的有限体积简化模型及其加速算法;③考虑各模型的边界关系,在局部河段和分蓄洪区段分别采用一、二维纵向与横向耦合。

(2)超标准洪水灾害实时动态评估

评估的指标包括洪水危险性指标和后果影响指标。其中,后果影响指标又包括社会影响指标和经济影响指标。洪水危险性指标评估结果通过水文统计和一、二维水动力模型模拟获得,后果影响指标评估结果通过空间叠加、数据统计、面上综合损失法获得。

面上综合损失法:其计算指标分为综合地均损失和综合人均损失两种,统称为综合平均损失。综合地均损失是指洪灾对个人、工农商生产以及基础设施造成的直接经济损失折合到淹没区内每单位受灾面积上的损失值,通过洪灾范围内的所有直接经济损失之和除以受淹总面积得到。综合人均损失则是直接经济总损失除以受灾总人口得到。综合平均损失主要受经济发展水平和洪水淹没严重程度影响,前者决定资产价值,后者决定损失率。另外,同一地区的综合平均损失指标还取决于生产水平及价格水平,需要根据一定调查统计资料进行推估。现状综合平均损失值的计算通常按照洪灾损失的增长因素对历史某个水平年的洪灾综合平均损失值进行修正后得到。历史某个水平年的综合平均损失值比较可靠的获取办法是对洪水泛滥后造成的损失进行全面的调查,但由于流域超标准洪水的淹没范围往往比较大,要进行全面调查非常困难,因此可先对可能泛滥地区选择一些典型进行调查或者对历史数据进行统计分析求出综合平均损失指标,并在整个流域内通过调整计算选用。

5.3.3　模型输入与输出

(1)模型的输入

模型的输入数据类型主要包括 8 类(表 5.3-1)。输入数据类型如下:通过向气象局、水文局或者实际测量获得的气象资料、水文资料、基础地形图资料、河道断面资料、水利工程资料等主要用于超标准洪水实时动态模拟;通过超标准洪水实时监测获得的淹没面积、淹没水深、水面高程用于超标准洪水实时动态模拟结果的验证,同时用于超标准洪水灾害的评估;承灾体数据用于超标准洪水灾害的评估;通过社会调查统计获得的社会经济类数据主要是GDP用于超标准洪水灾害的评估。

表 5.3-1　　　　　　　　　　　　　　流域尺度模型输入类型

序号	输入数据类型	具体数据类型	单位	来源	用途
1	气象资料	降雨和蒸发数据	/	气象局、水文局或者实际测量	用于超标准洪水实时动态模拟
2	水文资料	包括水文、水位站点和实测水文资料	/		
3	基础地形图资料	含高程、居民地、交通、流域水系、植被等图层在内的全要素 DLG 矢量图层和 DEM 数据	/		
4	河道断面资料	现状河道纵、横断面实测资料	/		
5	水利工程资料	包括水库、堤防、闸坝等资料	/		

序号	输入数据类型	具体数据类型	单位	来源	用途
6	水体	淹没面积	km²	超标准洪水实时监测的数据	用于超标准洪水实时动态模拟结果的验证以及超标准洪水灾害的评估
		淹没水深	m		
		水面高程	m		
7	承灾体	耕地、园地、林地、住宅、道路、工矿用地;水利工程、多层住宅、农村住宅、城市道路绿化设施、一般道路、商业休闲设施用地、公共基础设施用地	/		用于超标准洪水灾害的评估
8	社会经济类数据	人口	人	社会调查统计	用于超标准洪水灾害的评估
		GDP	亿元		

(2)模型的输出

模型的输出主要包括两大类,输出结果类型见表 5.3-2。一类是危险性指标结果的输出,其中降雨频率和洪水频率利用水文统计方法得到,淹没面积、淹没水深、淹没历时、流速、水位等根据一、二维水动力模型计算结果得到;另一类是后果影响指标结果的输出,包括社会影响和经济影响,通过空间叠加、数据统计、面上综合损失法得到。

表 5.3-2　　　　　　　　　　流域尺度模型输出结果类型

序号	输出结果类型			具体结果	单位	确定方法
1	危险性			降雨频率	/	水文统计
2				洪水频率	/	水文统计
3				淹没面积	km²	数值模型模拟
4				淹没水深	m	数值模型模拟
5				淹没历时	h	数值模型模拟
6				水位	m	数值模型模拟
7				流速	m/s	数值模型模拟
8	后果影响	社会影响		淹没区人口	人	空间叠加、数据统计
9		经济影响	淹没区经济影响统计	淹没区 GDP	亿元	空间叠加、数据统计
10			经济损失	直接经济损失	亿元	面上综合损失法

5.3.4　模型结果展示

（1）一维水动力学计算结果

对如河道断面的洪水水位过程、流速等洪水要素，以图表形式展示河道断面的洪水水位过程及洪水流量过程，并根据正常、超警戒、超保证水位对河道水位进行分类专题图显示。

（2）二维水动力学计算结果

对如淹没面积、淹没水深、淹没历时、洪水流速等数据进行专题图展示，并以地图的方式动态展示淹没范围、淹没水深随时间的变化。

（3）灾害评估结果

对如淹没区 GDP 采用定位图表法进行专题图展示，以图表的方式动态展示淹没过程中影响人口及影响 GDP 随时间的变化。

5.4　小结

本章研究紧密围绕超标准洪水灾害动态定量评估模型展开，基于实时降雨、洪水信息，研发基于并行加速计算技术的局部、区域、流域 3 种空间尺度的超标准洪水灾害快速定量评估模型，明确了模型技术流程、模型计算方法、模型输入与输出以及模型结果展示方案。流域、区域性超标准洪水灾害评估为分蓄洪区启用、水库工程调度提供决策参考，局部超标准洪水灾害评估提供水动力、灾害损失等全要素信息支撑，为避险转移安置等方案的制定提供依据。

第6章　超标准洪水演变全过程时空态势图谱技术

6.1　超标准洪水演变全过程时空态势图谱技术简介

6.1.1　洪水时空态势图谱构建技术的理论基础

6.1.1.1　流域本体特征

流域本身及水循环过程受人类活动的影响,是自然环境因素与人类各种活动相互作用的综合结果,呈现出明显的"自然—社会"二元特性,且具有显著的整体性、区域性、社会性和层次性特征。

(1)整体性特征(流域)

流域一经形成,其各种功能及特征与特定的地理环境和一定的经济社会发展及活动紧密关联,成为一个整体。

(2)区域性特征(子流域、河段)

我国地域广阔,地理条件复杂,流域的水文下垫面要素,包括地形地貌、地质、植被、地表透水率等各不相同,且各地区发展极不平衡,人类活动对流域的影响不同,从而形成显著的子流域和河段特征。

(3)社会性特征

人类活动对径流及洪水的影响大致分为3类:一是影响流域的产汇流条件;二是人类直接取用水;三是影响流域河道的汇流过程,主要包括水库、塘坝等蓄水工程的影响。

(4)层次性特征

流域本体及洪水态势是由确定范围的多层次子系统所组成的复杂系统(图6.1-1),各子系统的形态特征是在不同空间层次上表现出来的。

6.1.1.2　图谱与超标准洪水演变全过程信息认知

图谱是我国一种源远流长的传统方式,主要运用图形语言进行时间与空间的综合表达与分析。地学信息图谱是用计算机可视化形式,应用地学分析的系列多维图解来描述现状,并通过建立时空模型来重建过去和虚拟未来,是一种综合利用图形图像方法,文字、数字、数学模型方法,智能分析与计算方法,虚拟仿真方法的可视化"新图形"。面向超标准洪水演变全过程的时空态势图谱根据洪水自然和社会空间对象地理分布规律,通过地理分布规律和发展过程两条线索,把反映洪水时空特征及其变化特性以图谱贯穿、交织起来,使它们成为反映流域或区域特征的洪水演变"全过程的时空态势图谱",以洪水时空态势图谱+交互式推演方式,提升地理信息技术对洪水灾害动态评估分析的可视化和实时反馈能力。

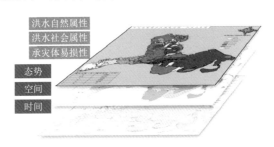

图 6.1-1 流域本体的层次性特征

将地学信息图谱拓展成面向超标准洪水演变全过程的时空态势图谱具有以下 4 个重要功能:①借助图谱可以反演和模拟超标准洪水时空变化,即可反演过去、预测未来;②可利用图谱的形象表达能力,对复杂的洪水现象进行简洁的表达;③多维的空间信息可展示在二、三维地图上,从而大大减小了模型模拟的复杂性;④在专业数学模型的建立过程中,有助于专业人员深入研究和透彻了解不同主题、不同场景洪水要素的分解与合成的关系,图谱的动态交互能力有助于模型构建者对洪水时空信息及其演变过程的理解。

将地学信息图谱拓展为时空态势图谱,应用于超标准洪水灾害动态评估与风险调控中,提升地理信息对超标准洪水灾害动态评估分析的可视化与具有实时反馈能力的图谱生成、传输及认知途径见图 6.1-2。

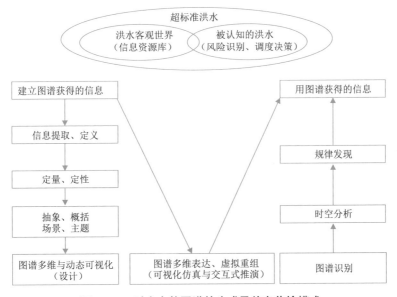

图 6.1-2 时空态势图谱的生成及信息传输模式

6.1.2 超标准洪水时空态势图谱技术组成

6.1.2.1 流域超标准洪水演变的态势图谱构建技术

流域超标准洪水时空态势图谱具有全空间、全过程、多情景、多尺度、多维度、虚拟、动态等特点,研究面向流域超标准洪水演变全过程的时空态势图谱构建技术,侧重研究面向洪水演变全过程的主题分类、指标体系、对象体系、图谱尺度,以及示范流域典型场景等。

(1)流域超标准洪水时空态势图谱构成

流域超标准洪水时空态势图谱是按照一定主题、应用场景和分类规律排列的一组能够反映流域洪水自然属性、社会属性、承灾体易损性,以及反映洪水时空演变规律的数字形式的地图、文字数值、图表、曲线或图像,是"图(图形图像)—数(描述性参数、数值模拟)—模(专业模型)"有序组合。其内涵由 3 个部分组成:

1)"图—数—模"组合。

时空态势图谱的实体部分,包括系列基础图、专题图、图形图像、描述性参数(数字、代号等)、数值模拟和数学模型(水利专业模型、空间分析模型)。

2)时空态势图谱数据库。

实现流域超标准洪水时空数据组织、存储。

结合洪水时空态势表达及提升超标准洪水灾害动态评估与风险调控模型动态分析与实时反馈能力需求,本书在分析比较了几种时空数据模型的基础上,采用了时空栅格结合面向对象的时空数据模型作为洪水演进时空态势研究的数据存储和组织方式,详见 6.4 节。

3)地理信息平台及图谱多维表达。

基于地理信息平台,直观、形象、动态地展示超标准洪水演变时空态势信息,实现图谱的多维表达、可视化模拟分析及交互式推演。

(2)时空态势图谱的构建过程

流域超标准洪水演变时空态势图谱构建过程见图 6.1-3。

主要包括如下步骤:

1)图谱关键因子确定及分解。

根据超标准洪水灾害动态评估分析中对要素、现象、区域和景观表达及分析需求,确定图谱的主题、场景(情景)、维度、尺度、抽象度。

2)系列图(图谱单元、图谱归类、分类编码)确定。

根据超标准洪水灾害动态评估分析需求,分析洪水要素和事件的时空分布规律和特点,根据应用主题和应用场景,确定地学信息图谱单位、图谱的归类、分类编码等。

3) 数学模型库建立及模型耦合。

根据超标准洪水灾害动态评估分析可视化表达、模拟展示、反演、预演要求,建立空间分析模型及专业数学模型库,实现数学模型与地理信息系统的集成(专业模型耦合)。

4) 图谱多维、动态表达。

基于二、三维地理信息平台,完成时空态势图谱＋交互式推演应用场景及原型系统开发。

通过图谱的多维表达及虚拟重组,进行动态模拟分析、演变过程分析,反演过去,预测未来。借助空间分析进行洪灾损失快速计算与可视化展示,提升地理信息技术对洪水灾害动态评估与分析的实时反馈能力。

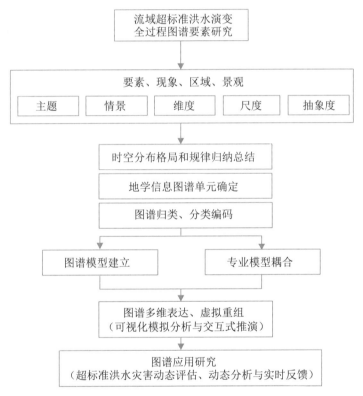

图 6.1-3　流域超标准洪水演变时空态势图谱构建过程

(3)时空态势图谱的关键因子分析

构建面向流域超标准洪水演变全过程的时空态势图谱的关键因子包括:应用主题、应用场景(子情景)、空间维度、空间尺度、抽象度。其主次关系是:先确定应用主题、再确定应用场景(子场景),在此基础上确定图谱空间维度、尺度、抽象度等。其关系见图6.1-4。

面向流域超标准洪水时空态势图谱的关键因子包括:①应用主题(流域自然景观展示、洪水灾害成因分析、流域超标准洪水实时监测、洪水预报预警、洪水分析及模拟、洪水灾害风险评估及风险管理、水利工程综合调度及洪灾损失评估等);②应用场景(流域(或河段)模拟、洪水演进、交互式推演、洪水淹没分析、洪灾损失评估等);③空间尺度;④空间维度等(详见6.1.3节)。

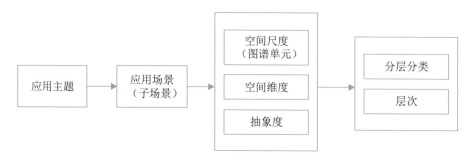

图 6.1-4 时空态势图谱关键因子及其关系

6.1.2.2 时空态势图谱技术在洪水灾害动态评估分析中的应用研究

"图—数—模"一体化时空态势图谱应用技术,"图"侧重于图形、图像等几何形状和多媒体信息,通过叠加图形、图像元素表达洪水灾害评估信息;"数"通过描述性参数和数值模拟以及图像可视化显示手段研究态势图谱动态表达;"模"则是叠加洪水演进和评估分析专业数字模型或算法,结合多维度可视化和交互式时间轴推演手段,实时呈现态势图谱动态模拟仿真。

"图—数—模"一体化时空态势图谱技术实施路径是:基于二、三维一体化地理信息平台,实现"图—数—模"的有机集成和耦合,核心是"图—数—模"复合表达技术。

(1)时空态势图谱的"图(图形图像)"表达

通过对水利空间数据的集成处理,利用序列化、动态化的专题矢量图、栅格图、晕渲图、动态流场图、动态热力图、动态流向图,结合二、三维动态图表(饼图、柱状图、动态表单等),三维动画,视频等,并结合传统的地图符号、专题图制作和定制,基于二、三维一体化地理信息平台,直观、形象、动态地展示超标准洪水演变时空态势信息。

(2)时空态势图谱的"数(描述性参数、数值模拟)"表达

描述性参数,是指计算机直观地反映流域特性和洪水演变事态的数字、代号等,是对图形、图像表达法的补充。数值模拟的基础是模型计算。例如,流域水文模拟是对流域发生的水文过程进行模拟,就是将流域背景和水文过程进行简化和抽象,建立一系列有物理意义的方程式或逻辑推断式并进行计算,通过模型系统输出流域断面的流量过程。

(3)时空态势图谱的"模型(专业模型)"表达

专业模型的计算步骤与方法,称为结构,是一个(套)相对完整的计算机程序,一般以专业模型包或平台方式提供。通过标准的服务和数据接口,实现专业分析数学模型及模型参数的集成。

（4）时空态势图谱的"图—数—模"一体化表达

将地学信息图谱技术应用到流域超标准洪水演变全过程表达，通过洪水要素及事件的空间分布规律和历史发展过程两条线索，以时空态势图谱数据库为基础，提取出一系列图形图像、数值模拟、模型计算的组合，把反映时空特征及其变化特性的以二、三维地图和动态化、系列化专题要素表达贯穿、交织起来，构成反映流域全貌和区域特征的图谱，借助图谱反演和模拟洪水时空变化，利用图谱的形象表达能力，对复杂现象进行简洁的表达，以多维图解来描述现状，并通过建立时空模型来重建过去和虚拟未来。

时空态势图谱的"图—数—模"一体化表达的基础是二、三维一体化地理信息平台；"图—数—模"复合表达的核心任务是，根据流域洪水演变及洪水灾害动态评估分析的应用主题和应用场景确定图谱的尺度、维度以及图谱的对象和特征，图谱的数据分类、分层及系列指标体系。

（5）时空态势图谱＋交互式推演应用及原型系统开发

基于二、三维一体化地理信息平台，利用地理信息的时间、空间、语义多维表达能力和模拟仿真能力，实现流域宏微观一体化可视化展示，实现重点库区、沿江重点城镇、重点河段和重点蓄滞洪区模拟和洪水演变交互式推演，提升地理信息技术对洪水灾害动态评估与分析的实时反馈能力。

6.1.3 洪水时空态势图谱特征及类型

洪水时空态势图谱是利用序列化、动态化的专题图，反映不同系统在不同时间或条件下的流域形态特征，直观、形象、动态展示超标准洪水时空信息，反演过去、模拟未来，能支持从外部表象出发揭示其内在规律，为决策和规划提供依据。

（1）按对象与性质分类

按洪水时空态势图谱涉及的"自然—社会"对象及性质，可分为分类系统图谱、时间序列、空间格局系列。

（2）按尺度分类

可分为全国尺度、流域尺度、子流域（或河段）尺度、工程尺度（水库或水库群）。

不同表现尺度与数据源对应关系见表 6.1-1。

子流域（或河段）尺度、工程尺度（水库或水库群）可采用三维景观模型作为洪水推演的基础底图数据，三维模型景观包括地形、水面、水利工程（水闸、堤防、水库、水电站、泵站等），以及重点场镇的建筑、交通、水系、植被、防汛信息等三维模型数据。

三维模型景观产品分级见表 6.1-2。

表 6.1-1   不同表现尺度与数据源对应关系表

表现尺度	数据源比例尺	地面分辨率(米/像素)	显示比例尺
全国尺度 或流域尺度	1∶1000000	78271.516964	1∶295829355.45
	1∶1000000	39135.758482	1∶147914677.73
	1∶1000000	19567.879241	1∶73957338.86
	1∶1000000	9783.939621	1∶36978669.43
	1∶1000000	4891.969810	1∶18489334.72
	1∶1000000	2445.984905	1∶9244667.36
	1∶1000000	1222.992453	1∶4622333.68
	1∶1000000	611.496226	1∶2311166.84
	1∶1000000	305.748113	1∶1155583.42
	1∶1000000	152.874057	1∶577791.71
	1∶250000	76.437028	1∶288895.85
	1∶250000	38.218514	1∶144447.93
子流域 (或河段)尺度	1∶50000	19.109257	1∶72223.96
	1∶50000	9.554629	1∶36111.98
	1∶10000	4.777314	1∶18055.99
	1∶10000	2.388657	1∶9028.00
工程尺度 (水库或水库群)	1∶10000 或 1∶5000	1.194329	1∶4514.00
	1∶2000 或 1∶1000	0.597164	1∶2257.00
	1∶2000 或 1∶1000	0.298582	1∶1128.50
	1∶1000 或 1∶500	0.149291	1∶564.25

表 6.1-2   三维模型景观产品分级表

模型 表达 指标	分级				
	一级三维 模型景观	二级三维 模型景观	三级三维 模型景观	四级三维 模型景观	自定义三维 模型景观
平面精度	Ⅰ～Ⅱ级	Ⅱ～Ⅲ级	Ⅲ～Ⅳ级	Ⅳ级	Ⅰ～Ⅳ级
高度精度	Ⅰ～Ⅱ级	Ⅱ～Ⅲ级	Ⅲ～Ⅳ级	Ⅳ～Ⅴ级	Ⅰ～Ⅴ级
地形精度	Ⅰ～Ⅱ级	Ⅱ～Ⅲ级	Ⅲ～Ⅳ级	Ⅳ～Ⅷ级	Ⅰ～Ⅷ级
DOM 精度	Ⅰ～Ⅱ级	Ⅱ～Ⅲ级	Ⅲ～Ⅳ级	Ⅳ～Ⅷ级	Ⅰ～Ⅷ级
模型精细度	Ⅰ～Ⅲ级	Ⅱ～Ⅳ级	Ⅲ～Ⅳ级	Ⅳ级	Ⅰ～Ⅳ级
纹理精细度	Ⅰ～Ⅲ级	Ⅱ～Ⅳ级	Ⅲ～Ⅳ级	Ⅳ级	Ⅰ～Ⅳ级

注:依照不同的模型表达指标及其等级,可建立不同细节层次的三维模型景观。其中,自定义三维模型景观可参照前 4 类产品,根据用户自身需求,由不同表达等级的地理要素模型整合生成。

（3）按应用主题分类

按应用主题可分为流域自然景观展示、洪水灾害成因分析、流域超标准洪水实时监测、洪水预报预警、洪水分析及模拟、洪水灾害风险评估及风险管理、水利工程综合调度及洪灾损失评估等。

结合数据内容，不同应用主题及展示内容见表6.1-3。

表6.1-3　　　　　　　　　　　　　不同应用主题及展示内容

应用主题	显示内容
流域自然景观	流域遥感影像图、水利基础数据及三维模型
洪水灾害成因分析	地形、地貌、河湖、水资源现状及水利工程现状，可用专题图及三维景观模型展现
流域超标准洪水实时监测	监测站点的空间分布、三维模型及汛情监测信息
洪水预报预警	汛情监测信息、洪水推演成果、防汛应急预案、防汛应急响应等。可基于专题图及三维景观模型展现
洪水分析及模拟	不同调度方案模拟成果展示，包括：一维洪水模拟成果，水位、流量；二维洪水模拟成果，淹没范围、淹没水深、达到时刻、淹没历史等。可基于专题图及三维景观模型展现
洪水灾害风险评估	叠加展示洪水淹没范围及社会经济数据，通过空间叠加分析统计不同调度方案淹没的人口、土地、房屋、企业等社会经济指标。可基于专题图及三维景观模型展现
水利工程综合调度	展示工程的运用信息，包括闸门的开度，水库的水位、下泄流量、剩余防洪库容，蓄滞洪区的分洪量，控制站的水位、流量等信息，以及调度方案造成的淹没损失信息统计。可基于专题图及三维景观模型展现

洪水态势展示可以根据应用主题不同，选择基础地理数据、水利基础数据、水利区划、汛情监测信息、水利工程信息、防汛信息及社会经济信息进行组合显示。可基于专题图及三维景观模型展现。

（4）按应用场景（情景）分类

按应用场景可分为流域（或河段）模拟、洪水演进、交互式推演、洪水淹没分析、洪灾损失评估等。

6.1.4　流域洪水时空态势图谱构建思路

流域洪水时空态势图谱构建原则如下：

（1）简单化原则

在定义分类及选取分类指标时，要从综合分析入手，抓住主导因素，既要把握问题的本质，又不至于使信息资源分类及指标体系过于庞杂。

（2）模板化原则

面向流域超标准洪水演变全过程的不同主题、不同情景、不同尺度的时空态势分析及洪灾动态评估，制定不同的模板，既有一定的规律性、规范性，又可以较灵活地分解和组合各种要素，满足不同需求。

（3）三维动态化原则

研究"图（图形图像）—数（描述性参数、数值模拟及可视化）—模（专业模型分析及可视化模拟）"一体化可视化、三维模拟仿真技术，以及实时空间分析及快速展示技术。

流域洪水时空态势图谱构建基本思路如下：

（1）图谱信息维度分析

按照流域洪水的不同图谱尺度、应用主题、应用场景、图谱对象及特征，制定相应的分类、分层及图谱系列指标体系，构建图谱数据库，完成信息提取、定义及抽象、概括，实现图谱定义及信息化存储（图 6.1-5）。

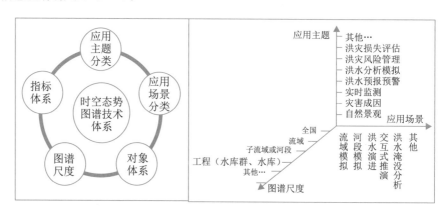

图 6.1-5　图谱对象的信息维度分析

（2）图谱数据库设计

根据流域洪水时空态势图谱的特点，图谱属性数据库中图谱的分级分类及编码，应统一制定。分层分类的编码或数据集的编码需要兼顾时间维、空间维、属性维表达要求。空间维度分级，一般可遵循第一级是流域，第二级为子流域或河段，第三级为工程（水库群、水库）。

（3）流域自然景观图谱

流域自然景观一般为静态图层，其下一级节点包括卫星影像特征、气候类型、地质与构造类型、地势起伏与地貌类型、水系结构特点、植被类型、土壤类型、土地利用与土地覆盖类型、利用与保护方向。

（4）水利对象分类

图 6.1-6 是水利对象的典型分类体系，可按不同应用主题、不同应用场景，实现面向超标准洪水演变全过程的时空态势图谱定制。

图 6.1-6　水利对象的典型分类体系

6.2 洪水态势图谱展示方法研究

在 GIS 数据可视化方法的相关理论技术上,结合洪水态势图谱的展示内容和展示主题,通过使用颜色、透明度、夸张比、动态文字、图表、动画、音频、视频等方式对洪水演进态势进行增强表达。

在洪水态势可视化方面,将传统地图可视化技术与动态地图技术、三维仿真技术、大数据可视化技术等相结合,将地图引擎与大数据可视化引擎、图表引擎等相结合,通过使用三维模型、颜色、透明度、夸张比、动态文字、图表、三维动画等方式对洪水演进态势进行增强表达。在可视化方面除了传统的定位图表、单值专题图、范围分段专题图、点密度专题图等类型外,也结合地质统计等分析模型加入热力图、迁徙图、流向图、聚类图、麻点图等多种类型的可视化效果。

6.2.1 二维专题图表达方法

传统的洪水风险图(图 6.2-1)采用定点符号法、线状符号法、质地法、等值线法、定位图表法、范围法、点值法、分区统计图表法、分级统计图法、运动线法等方式实现洪水态势的展示,展示方式主要以静态地图为主。

图 6.2-1　传统的洪水风险图

(1)定点符号法

定点符号法是用各种不同图形、尺寸和颜色的符号表示呈点状现象的空间分布及其质量和数量特征(图 6.2-2)。通常用符号图形和色彩表示现象的质量特征,尺寸表示数量指标,将符号定位于现象的实际位置上。例如,用定点符号法表示水文站、水位站、气象站等监测站点的分布。

（2）线状符号法

线状符号用于表示呈线状或带状的现象,如河流、交通线、山脊线等。通过不同的图形和颜色可以表示现象的数量和质量特征,如用不同的图形和颜色表示铁路、高速公路、国道、省道等。

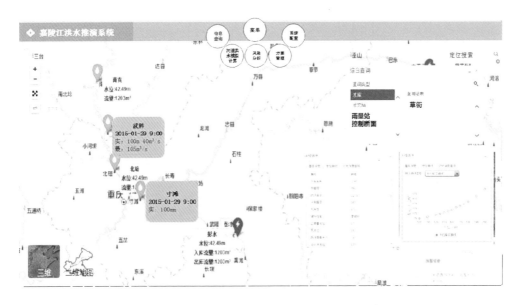

图 6.2-2　定点符号法

（3）质底法（质别底色法）

用不同的底色或花纹区分全制图区域内各种现象的质量差别,图面被各类面状符号所布满,如行政区划、土地类型图、不同水深淹没范围等。

（4）等值线法

等值线是专题现象数值相等的各点的连线。等值线法就是利用一组等值线来表示某专题现象数量特征的一种方法。在传统的洪水态势图制作过程中,等值线(面)图被广泛用于表达降雨量及影响范围(图 6.2-3)。

（5）定位图表法

定位图表法用图表形式表示某点的某种现象的数量特征及其变化的一种方法,如受灾区的工业、农业经济损失。

（6）范围法

用不同颜色、彩色晕线及花纹符号表示呈间断成片的制图现象的分布范围。如小麦、棉花或其他农作物的分布等。

（7）点值法

用一定大小、形状相同的点表示现象的分布范围、数量和密度的方法称为点值法。它适合于表示分布不均匀的现象,如人口分布、农作物分布等。

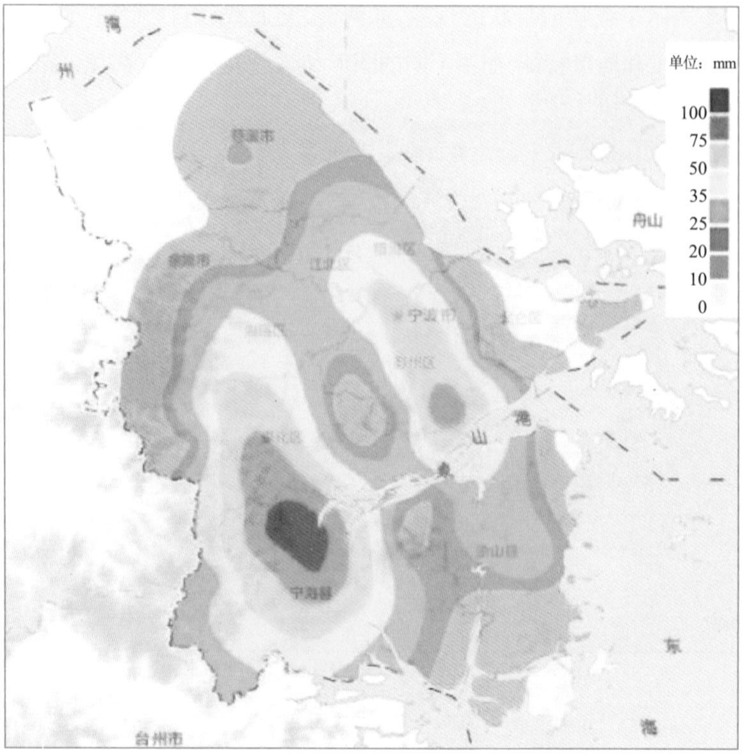

图 6.2-3　等值线法表示降雨量及影响范围

（8）分区统计图表法

把制图区域分成若干个区划单位（一般以行政区划为单位），根据各区划单位的统计资料制成不同的统计图表绘在相应的区划单位内，以表示现象的总和及其动态变化的方法称为分区统计图表法。例如，将洪水影响区域的受灾情况进行统计分析，根据计算结果的空间位置分布情况，用不同高低的柱状图表示对应区域总体受灾情况的大小，用不同颜色的扇面表现该区域不同行业的受灾情况的比重。

（9）分级统计图法（又称色级底色）

按照各区划单位的统计资料，根据现象的相对指标（密度、强度或发展水平）划分等级，然后依据级别的高低，在地图上按区分别填绘深浅不同的颜色或疏密不同的晕线来表示各区划单位间数量上的差异的一种表示法。

（10）运动线法

运动线法用不同长度和宽度的箭头符号在地图上表示现象的运动方向、路线、数量、质量和结构等特征。可用运动线法辅助展示应急救援方案。

6.2.2 动态地图技术

随着人们视觉体验的不断提高,以及时间要素在地图上的需求越来越迫切,动态符号逐渐出现在各类地图中。地图的传统功能是为了显示研究对象的空间位置,描述研究对象的空间属性特征,动态符号的出现极大地丰富了这些功能,并促使了动态地图的产生。作为时空数据动态可视化的重要表达方式,动态地图的优势体现在用户交互式操作上,使得地图不再只是显示结果状态,通过跟踪、模拟监控等手段将地理现象演变过程在地图中表达出来。

由于动态地图表现实时的客观世界,表现数据源是与现实世界同步的,可以实时显示地理实体或模型的运行状态,在流域超标准洪水时空态势图谱的研究中,能够很好地表达出超标准洪水的动态演进态势。

(1)动态流场图

在计算流体力学领域,专业模型的计算产生庞大的数据成果,传统的处理方法主要是以数据报表或图表的方式予以体现,这使得决策者和一般的工程技术人员较难深刻把握成果的合理性和准确性。因此,直观、准确地表现流场的流态情况是当前数值计算后处理的主要研究方向。流场图(图 6.2-4),可以直观地表现出洪水在特定时刻的流速和流向情况。结合动态地图技术,可以将洪水的流动态势进行连续的表达。

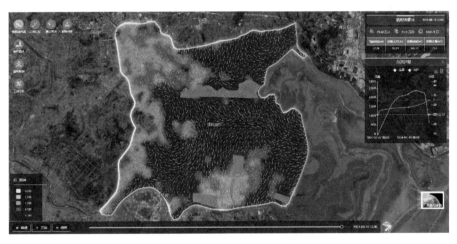

图 6.2-4 带方向箭头的流场图

(2)动态热力图

热力图(图 6.2-5、图 6.2-6)可以表示各个区域中指标的高低分布情况。在超标准洪水态势表达中,利用热力图分析功能,将淹没区的人口分布转化为不同颜色的图形,直观地表现出不同时刻淹没区域的人口分布信息。

图 6.2-5　不同时刻的热力图

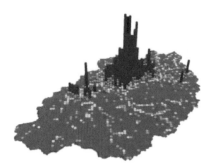

图 6.2-6　三维热力图

（3）流向动态图

流向动态图可以动态显示实体的运行轨迹。在表达洪水态势演进的场景中，可以直观地展示出流域尺度下，洪水在一维河道内的流速、流向情况（图 6.2-7）。在洪水预报预警场景中，可以突出显示受灾群众安全转移路线，并可标示出人员转移动向。

图 6.2-7　河道内水流动线图

（4）重点区域淹没场景动态展示

针对重点区域、城镇进行洪水淹没场景动态展示。通过洪水风险动态演示形象直观地描述方案中洪水的演进情况，为决策提供重要的技术支持。动态演示内容包括淹没范围、淹没水深、达到时刻、淹没历史等，结合洪水灾害评估相关研究成果，可以动态展示出不同的调度方案下洪水的灾害损失情况(图 6.2-8)。

图 6.2-8　淹没动态展示

6.2.3　大数据显示方法

（1）热力图

热力图是通过颜色分布,描述诸如人群分布、密度和变化趋势等的一种地图表现手法。热力图图层将随地图放大或缩小而发生更改,是一种动态栅格表面。例如,绘制受灾区人口分布的热力图,当放大地图后,该热力图就可以反映行政村或者局部地区的人口分布情况。

（2）迁徙图

迁徙图基于用户定位数据,进行基于地理位置的大数据分析后,用"地图＋单向迁移线路图"的可视化呈现方式,来动态显示人员的流向情况,具有动态、即时、直观地展现数据流向的轨迹与特征,可用于展示受灾区的人口转移。

（3）网格图

网格图是一种使用空间聚合方法,来表现空间数据的分布特征和统计特征的显示方法。它的基本原理是基于网格聚合算法,将空间区域划分为规则形状的网格单元,每个网格单元又划分为多个层次,高层次的网格单元被分为多个低层次的网格单元,每个网格单元都具有统计信息,可基于网格图统计展示省、市、县、乡、村、组不同层级的淹没指标信息。

6.2.4　微观场景特效

基于快速傅氏变换(FFT)算法,模拟水体运动;基于三维粒子效果,模拟水体流动。针对水面数据,支持创建水面符号,支持设置水波大小、水面颜色等参数,可制作出具有实时倒影、动态波纹的水面符号(图 6.2-9)。

图 6.2-9　水面展示

利用三维仿真技术,对水利工程进行三维建模,展示工程的运用信息,包括闸门的开度、下泄流量、控制站的水位、流量等信息。基于三维粒子效果,模拟开闸放水(图 6.2-10)。

图 6.2-10　不同水位淹没范围展示

6.2.5　三维仿真引擎研究

为了满足流域超标准洪水"四预"(预报、预警、预演、预案)仿真功能的开发,需要研究三维仿真引擎应具备的基本功能,及提供的仿真服务。

6.2.5.1　仿真引擎功能需求

三维仿真引擎为流域超标准洪水调度推演提供实时渲染和可视化呈现,为物理流域提供多维度、多时空尺度的高保真数字化映射,提供实时的交互响应、低延迟、稳定的图像质量和逼真的场景效果。仿真引擎通过三维图形引擎,多层次实时渲染呈现数字孪生体,既可以渲染宏大开阔的流域场景,又可以展示局部特征,实现流域全貌大场景到流域细节的多层次渲染,真实、实时展现流域自然环境、水工设施、特定主题等各种场景,实现空间分析、大数据分析、仿真结果等可视化,实现大屏端、桌面端、网页端、移动端等多终端一体化展示,满足不同业务和应用场景需求。仿真引擎应具备如下功能：

（1）三维实体的可视化渲染

根据物理实体的几何、颜色、纹理、材质等本体属性，以及光照、温度、湿度等环境属性，实现实体的三维可视化渲染。

（2）应用场景可视化渲染

根据防汛业务需求、场景范围等条件，呈现具体场景渲染效果，主要包括超大场景动态缩放和加载渲染、自然现象的效果渲染等。动态缩放加载渲染可以根据距离加载不同层级的场景，以控制整体的渲染效果，每个场景区域可以独立动态加载。

（3）业务数据可视化渲染

以三维空间网格模型为数字底座，根据应用场景和业务数据特定属性，将水情、雨情、工情、险情等业务数据定位、叠加在统一的三维空间之中，对管理对象的各种属性信息、业务状态信息进行多维集成显示。

6.2.5.2 仿真服务研发

（1）一维洪水演进仿真

结合流向动态图技术直观地展示出流域尺度下，洪水在一维河道内的流速、流向情况；提供河道洪峰动态演示，将洪峰在河道中的变化以动画的形式显示出来；提供河道洪水水面线展示，通过三维场景直观展示超警戒水面范围；结合图表展示河道两岸洪灾影响快速估算结果。

（2）二维洪水演进仿真

通过流场地图，直观地表现出洪水在特定时刻的流速和流向情况，结合动态地图技术，将洪水的流动态势进行连续的表达；以地图的方式动态展示淹没范围、淹没水深随时间的变化，直观表达洪水演进态势；结合图表动态展示洪灾损失。

（3）应急避险仿真

在洪水淹没水深图上叠加显示避洪转移要素，包括：危险点、安置区、溃口、转移单元、转移线路、避洪区域边界等；结合热力图技术将淹没区、影响区的人口分布转化为不同颜色的图形，直观地表现淹没影响区域的人口分布信息；结合动态流向图技术，突出显示受灾群众安全转移路线，并可标示出人员转移动向。

（4）工情仿真

结合水利工程三维模型，利用三维仿真技术，展示工程的运用信息，包括闸门的开度，下泄流量、控制站的水位及流量等信息。基于三维粒子效果，模拟开闸放水。

（5）微观场景特效

模拟水体流动，针对水面数据，支持创建水面符号，支持设置水波大小、水面颜色等参数，模拟洪水特效。

（6）专题图、特效表达

提供单值、分段、标签、统计、自定义等多种三维专题图，从流域、区域尺度对预报、预警、预演、预案成果进行可视化表达，包括水位超警戒程度、降雨量、淹没水深、洪灾损失程度、水库及蓄滞洪区运用情况等。

（7）洪水淹没范围的快速提取

结合水利空间格网模型及空间分析技术提供一维河道洪水淹没范围的快速提取。

（8）淹没损失快速估算

结合淹没影响指标及空间分析技术提供一、二维洪水淹没损失快速估算。

（9）视频融合服务

提供视频与三维场景的一体化融合服务。

6.3 "四预"仿真设计

6.3.1 洪水态势展示涉及的数据

洪水态势模拟推演展示涉及 5 类数据，分别为：监测数据、水利专题数据、社会经济数据、洪水风险专题数据及水利空间格网模型数据。

（1）监测数据

主要存放洪水态势调度推演所需的各类监测及分析整编数据，如气象、水雨情、工情、灾情等监测数据，包括历史库和实时库。

（2）水利专题数据

水利专题数据包括水利基础数据、水利工程数据及非工程措施信息。

水利工程数据反映洪水管理工程措施信息的图层，主要包括水库、堤防、蓄滞洪区、水闸、圩垸、机电排灌站、海堤海塘、测站、穿堤建筑物、险点险段等种类。对重点防灾区域水利工程的主要水工建筑物和构筑物进行 BIM 模型的创建，建模对象包括涵闸、水库、堤防、泵站等。

非工程措施信息反映洪水管理非工程措施信息的图层，主要包括预警、救灾、防汛物资、避难与安置、抢险队伍等。

（3）社会经济数据

社会经济数据主要包括洪水态势图制作对象区域范围内的有关人口、耕地、生产总值等基本统计指标，包括面积、总人口、城镇人口和农业人口、耕地面积、地区生产总值、工业总产值、农业总产值以及风险图编制区域的行政区划图、重要基础设施、城市生命线工程、重点防洪保护对象及其防护措施资料等（表 6.3-1）。

表 6.3-1 社会经济数据表

类别	内容
人口	农业/非农业人口户数,农业/非农业人口数
地区生产总值	GDP
农业	农业、林业、畜牧业、渔业产值
工业/建筑业	企业单位数、固定资产值、工业总产值
第三产业	企业单位数、固定资产值、主营收入
交通运输业	公路里程、铁路里程,油、气、水、电管线等

社会经济数据还包括以下地理信息图层:省、市、县(区)、乡各级行政区界,政府驻地位置;居民地位置;工矿用地、商业用地位置,企事业单位分布;耕地、林地、牧草地、鱼塘等分布位置;公路、铁路、通信、供水、供气、供电、供暖等主要基础设施线路位置。

(4)洪水风险专题数据

洪水风险专题数据是洪水态势图展示的核心内容。洪水风险取决于致灾因子、承灾体和防灾能力等多方面要素。洪水致灾因子中对洪水风险有影响的主要要素包括洪水来源、洪水淹没范围、淹没水深、淹没历时和洪水流速、流向等;反映承灾体受洪水影响的主要要素包括人口、资产分布和密度等;防灾能力是指承灾体自身抗御洪水的能力,包括承灾体的抗灾性能、应急响应能力、灾后恢复能力、防洪除涝等工程设施及其标准等。

洪水风险专题数据包括溃口、淹没范围、淹没水深、洪水流速、淹没历时、到达时间、洪水风险区划、避洪转移要素等(表 6.3-2)。

表 6.3-2 洪水风险专题数据表

图层名	要素内容	几何类型	备注
点状进水口	溃口	点	小型溃口,不依比例尺点状表示
	闸	点	与水利工程中的闸相比,用红色突出显示
	口门	点	直接使用水利工程中的口门来表示
现状进水口	溃口	线	大型溃决,半依比例尺现状表示
	漫溢	线	半依比例尺现状表示
淹没范围	不同量级洪水淹没范围	面	5 年一遇
		面	10 年一遇
		面	20 年一遇
		面	50 年一遇
		面	100 年及以上一遇

图层名	要素内容	几何类型	备注
洪水风险区划	不同等级风险区域	面	一级洪水风险区
		面	二级洪水风险区
		面	三级洪水风险图
避洪转移要素	避洪区域边界	线	第一批次避洪区域边界,线状表示
		线	第二批次避洪区域边界,线状表示
		线	第三批次避洪区域边界,线状表示
	转移单元	点	第一批次转移单元,不依比例尺点状表示
		点	第二批次转移单元,不依比例尺点状表示
		点	第三批次转移单元,不依比例尺点状表示
		面	第一批次转移单元,依比例尺面状表示
		面	第二批次转移单元,依比例尺面状表示
		面	第三批次转移单元,依比例尺面状表示
	安置区	点	不依比例尺点状表示
	转移路线	面	依比例尺面状表示
	沿程危险点	线	数字化方向表示转移方向
		点	沿程存在崩塌、滑坡、泥石流等危险的位置,不依比例尺点状表示
计算范围	计算范围		洪水风险计算范围
淹没水深图	淹没水深数据	面	淹没水深分级标准为:小于 0.5m,0.5~1.0m,1.0~2.0m,2.0~3.0m 和大于 3m。城市暴雨积水深度分级标准为:小于 0.3m,0.3~0.5m,0.5~1.0m,1.0~2.0m 和大于 2.0m
到达时间图	到达时间数据	面	洪水到达时间等级一般取小于 3h,3~6h,6~24h,24h~2d 和大于 2d
淹没历时图	淹没历时数据	面	淹没历时等级一般取小于 12h,12~24h,1~3d,3~7d 和大于 7d。城市暴雨积水历时分级标准为:小于 1.0h,1.0~3.0h,3.0~6.0h,6.0~12.0h 和大于 12.0h
洪水流速	洪水流速数据	面	小于 0.5m/s,0.5~1.0m/s,1.0~2.0m/s 和大于 2.0m/s
淹没图	淹没水深数据	面	
	洪水流速数据	面	
	到达时间数据	面	

(5)水利空间格网模型数据

利用卫星遥感、无人机航测、地面控制测量等多种手段,采集天空地等不同层面和不同级别的地理空间数据,对全流域、防洪影响区及重点河段等多尺度地理空间场景进行数字化建模,实现由粗到细、从宏观到微观等不同粒度、不同精度的数字映射,形成全空间一体化并且相互关联的流域数字底图,为流域可视化展示、仿真模拟和智能决策等提供数据基础。水利空间格网模型数据包括数字高程模型、影像及三维实景模型数据。

6.3.2 "四预"仿真功能设计

针对防洪"四预"功能涉及的实际监测信息、现场监视信息、预测预报信息、演变趋势信息、调度效果评价信息,借助数字孪生流域"一张图"等技术手段进行直观可视化表达,同时根据预设的预警阈值指标,采用屏幕闪烁、声音警报、手机短信等多种方式对实况监测与预报信息进行在线动态告预警,为及时启动调度会商决策、采取调度操作措施、评价调度执行效果等提供信息支撑服务。

6.3.2.1 预报

基于流域可视化模型,依托三维可视化技术,将水雨情监测信息、洪水超警信息、水雨情查询分析、水雨情预报预警信息及水雨情专题报告(指公报、简报等种类分析报告)等融合,以地图加图表结合的方式提供服务。

(1)实况监测信息的可视化

实现流域防洪实况监测信息的可视化与告警,提供水位监视与告警、流量监视与告警、工情监视与告警以及视频监控。

(2)预报预警信息可视化

依托三维可视化技术,展示流域防洪预报值,展示水位、流量预报信息,通过在三维场景中的河段动态设色显示、站点动态设色闪烁等方式预警超标信息。

(3)降雨、径流信息可视化

将洪水预报所关注的如降雨、径流等信息,以三维动画、动态地图、降雨等值面、三维专题图等多种方式直观立体地展示出来。

6.3.2.2 预警

根据防汛风险指标计算结果,动态生成专题图表,以可视化方式辅助系统用户明确当前防汛面临的形势。在三维场景中利用动态设色、目标闪烁等方式展示江河湖库洪水预警指标及预警信息。

(1)流域洪水来源组成预判可视化

展示流域重要防洪对象(控制站点)的洪水来源河段及各来源河段的洪峰、洪量组成情况。

(2)重要河段潜在风险分析可视化

采用三维专题图方式展示重要河段、分区的防洪风险等级。

（3）工程实时防洪能力分析可视化

基于流域三维可视化模型展示流域防洪工程体系实时运用情况，展示在现有水工程的防洪能力下，能有效削减下游控制断面的超限水位、流量的大小。

6.3.2.3 预演

防洪调度三维模拟仿真包括流域尺度调度仿真、重要库区淹没仿真、重点河段行洪仿真、蓄滞洪区行洪仿真、蓄滞洪区避险转移仿真与沿江城镇区域行洪仿真等功能模块。

（1）流域尺度调度仿真

流域尺度调度仿真功能将水库调度过程和洪水推演计算成果在三维平台中集成，使复杂难懂的专业计算表格数据以三维动画、过程图表、动态设色扩散、粒子效果等形式直观呈现，以时间轴的形式动态再现洪水发生时的降雨过程、来水形势、水利工程运用情况、淹没损失结果、控制性站点水位流量等。

（2）重要库区淹没仿真

根据耦合水库调洪和库区回水计算模型计算结果，基于三维地理信息平台动态模拟库区断面水位变化及伴随的库区淹没损失，直观展示超警戒水面范围，并以列表的形式展示淹没指标，实现水库库区回水形态的模拟。

（3）重点河段行洪仿真

以三维可视化的方式展现洪水演进结果与水位的涨落过程，包括某一时刻河道淹没水面的静态显示及河道水面随着时间推移水面涨落而引起的淹没范围的动态仿真。

以流域宏观视角，标注河段重要站点水位、堤防详情，当站点水位超过一定的阈值，基于三维场景标注相应的影响区域与影响堤防，警示超保堤防范围与超保时间。

（4）蓄滞洪区行洪仿真

根据调度推演结果，并结合开口情况，动态仿真蓄滞洪区内部洪水行进状态，仿真洪水在研究区域的传播过程，展现洪水波的影响范围，结合经济损失曲线评估分洪损失，为指导蓄滞洪区人员转移提供支持。

蓄滞洪区行洪仿真按照时间顺序将淹没水深，洪水流速、流向在蓄滞洪区内的变化以动画的形式显示出来，直观表现洪水淹没演进的时空变化，重现或预演蓄滞洪区内的洪水淹没演进全过程。

（5）蓄滞洪区避险转移仿真

根据蓄滞洪区运用预案中提供的各村镇组团避洪转移信息，在三维场景下对重点蓄滞洪区进行避险转移模拟，提供转移路线、转移过程的动态展示，指导蓄滞洪区应急避险。

（6）沿江城镇区域行洪仿真

针对长江流域沿江重要城镇堤防建设标准较低，容易发生沿江城市滨江区域受灾，构建城市 GIS 高清三维场景,宏观展示不同调度方案的洪水淹没范围及淹没损失,微观展示不同空间位置的淹没水深信息,对比展示不同方案淹没范围及洪灾损失。

6.3.2.4　预案

针对领导决策层调度会商的业务需求,以数字模拟仿真引擎和调度智能引擎为基础,基于流域三维可视化模型,围绕调度方案,集中展示相关实况、调度过程和效益评估信息,辅助用户快速进行方案优选及提出推荐的解决方案。

6.4　超标准洪水时空数据组织设计研究

由于洪水演进是一个连续的变化过程,在数据存储和管理中,需要将每一个时刻的模拟结果分别存储,同时洪水演进模拟过程存在空间场景大、时间密度高的特点,对于数据的查询效率要求较高,需要有合适的时空知识表示模型描述其结构和计算特征。

6.4.1　时空数据模型研究概况

当前在比较分析时空数据模型时,采用的分类方法不尽相同,但普遍关注时空数据模型的实现机制,尤其是从时空数据管理角度出发,对各个模型在时空数据结构、存储与更新机制以及时空推理等方面进行分类(表 6.4-1)。

表 6.4-1　　　　　　　　　　时空数据模型对比分析表

分类	核心思想	不足之处	时空数据模型
时空数据模型基于位置的	1.在空间维上扩展时间维; 2.通过离散时间间隔序列记录数据,表达不同位置上地理实体的变化	1.数据冗余; 2.时间间隔间的变化信息丢失; 3.时态分析能力较弱	1.时空立方体模型; 2.时空快照模型
时空数据模型基于实体的	1.在空间维上扩展时间维; 2.把地理实体或现象抽象为对象或特征,显式记录其随时间的变化; 3.在时刻状态只存储变化信息	1.时空分析能力较弱; 2.针对矢量类型的数据设计,对栅格数据表达存储能力较弱; 3.无法从本质上描述地理实体或现象变化特性	1.时空对源模型; 2.基本状态修正模型; 3.面向对象的地现数据模型; 4.面向对象的时空数据模型; 5.基于特征的时空数据模型
时空数据模型基于时间的	1.以时间为基础显式组织地理实体或现象; 2.采用双向链表形式表达地理实体或现象的变化	1.针对基于位置的栅格数据设计,对基于实体的矢量数据表达能力较弱; 2.空间拓扑处理能力较弱	1.时空复合模型; 2.基于事件的时空数据模型

分类	核心思想	不足之处	时空数据模型
时空数据模型基于空间、时间、属性集成的	1. 空间、时间、属性作为一个统一体，或利用关联机制集成于统一体对地理实体或现象设计表达； 2. 考虑地理实体或现象的过程特性，以过程作为单元实现实体的组织与表达； 3. 采用关系表和面向对象技术实现实体的组织与存储	1. 目前该类型的数据模型停留在实体提取、描述和对象的表达层次上； 2. 采用关系表的存储方式，随着时间的推移，关系表会更加复杂； 3. 集成空间、时间、属性的数据模型性没有记录变化的动力和原因，无法剖析实体变化的本质； 4. 以过程为存储单元的数据模型，对线、面数据的表达组织，还需要进一步研究	1. 时空三域模型； 2. TRIAD模型； 3. 基于场与基于对象集成的数据模型； 4. 基于对象数据模型； 5. 基于场的数据模型； 6. 以过程为存储单位的时空数据模型

从上述对比分析不难发现，当前时空数据模型种类繁多，各有利弊，在实际使用过程中，需要结合实际的应用场景，合理选型。

6.4.2　时空数据模型应用概况

通过梳理时空数据模型的研究历史，分析各种时空数据模型的特点和不足，结合当前的研究现状和进展情况，时空数据模型存在提出的模型多、实现的原型少，理论研究多、应用研究少，学术门派多、应用开发商少，面向矢量数据格式的模型多、面向栅格数据格式的模型少等特点。当前主要应用的时空数据模型有以下3种。

（1）时空序列快照模型

时空序列快照模型（图6.4-1）是指将一系列时间片段快照保存起来，反映整个空间特征的状态，根据需要对指定时间片段的现实片段进行播放。时空序列快照模型能够完整地表达地理空间对象随时间的变化情况，在遥感动态监测中有着广泛应用。

（2）时空立方体模型

时空立方体模型是 ArcGIS 中广泛使用的一种时空数据表达模型，时空立方体数据结构可被视为由时空条柱组成的一个三维立方体，其中 x 和 y 维度表示空间，t 维度表示时间（图6.4-2）。

（3）基态修正模型

基态修正模型（图6.4-3）只存储某个时间的基态和相对于基态的变化，直接记录和维护单个空间目标及拓扑信息的变化，不存储每个状态的全部信息。基态修正模型由于只存储了空间对象的变化部分,大大减少了时空数据占用的存储空间,在土地覆盖利用、地籍管理、公路交通等领域有着广泛的应用。

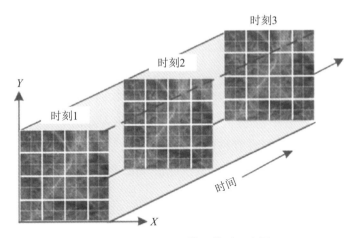

图 6.4-1　时空序列快照模型示意图

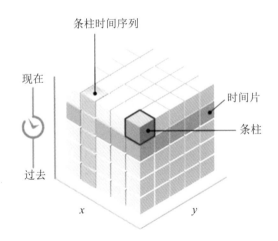

图 6.4-2　时空立方体数据模型示意图

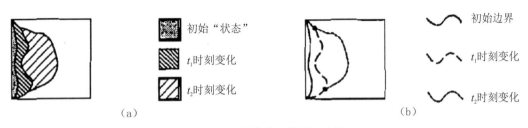

图 6.4-3　基态修正模型示意图

6.4.3　本书时空数据模型选型

在洪水演变的时空态势研究中,洪水三维模拟推演计算是其重要的组成部分,相关模块的研究思路为:划定研究区域→构建研究区域计算格网→输入模拟计算参数及边界条件→调用计算模型计算→输出计算结果并保存→向用户展示模拟结果→后续研究分析。

首先从研究目的出发,本书致力于提升超标准洪水灾害动态评估与风险调控模型动态分析与实时反馈能力,洪水推演结果数据主要服务于洪水演变过程的交互式展示、洪水灾害动态评估分析、洪水风险调控分析等应用,对于时空数据模型应用偏重指定时刻洪水淹没范围的影响,考虑将空间作为模型的基础维度,扩展时间维度。

其次分析洪水推演的研究过程,时空相关的数据包括研究区域的计算格网以及用于模拟展示的计算结果数据。其中,研究区域的计算格网数据在存储上表现为矢量形式,在应用中表现为栅格形式。具体来讲,计算格网以矢量 shp 方式进行存储,但在计算和结果展示时,通过为某一模拟时刻的格网设置不同的水深值,并根据该水深值设置不同的颜色来进行洪水态势的表达。

结合洪水推演业务的数据特征,在实际应用过程中,针对洪水推演时空数据模式的存储设计,结合当前主流的时空数据模型,提出了 3 种组织存储方案,其对比分析见表 6.4-2。

表 6.4-2   时空模型方案对比

分类	设计思想	优点	存在问题
时空栅格模型	将计算格网视为栅格模型,记录每个格网随时间变化的淹没水深	数据不需要转换和处理,应用和实现简单	1. 数据冗余大; 2. 前端渲染压力大
面向对象模型	1. 将洪水看作是一个对象,洪水经历一个成长→成熟→衰老→死亡的过程; 2. 存储每个时刻的水位信息,每一个格网的淹没水深=水位−高程	数据冗余小	1. 在 Web 浏览器中渲染较为复杂; 2. 增加了数据计算、处理过程
时空栅格＋面向对象模型	1. 获取到每个单元格在指定时间内的淹没水深; 2. 计算在某一时刻,按照淹没水深对单元格分组,然后将相同水深的单元分组; 3. 将同一分组内的单元格合并,以时空对象进行存储	1. 数据冗余小; 2. 减轻前端渲染压力	增加了数据计算、处理过程

通过对比分析上述 3 种时空数据模型在数据组织和存储上的特点,并结合网络系统对于数据和性能的要求,考虑采用时空栅格结合面向对象的时空数据模型作为洪水演进时空态势研究的数据存储和组织方式。

6.5 小结

(1)构建了面向流域超标准洪水演变全过程的时空态势图谱技术体系

1)流域超标准洪水演变时空态势图谱构建技术。

本章明确了洪水时空态势图谱构建技术的理论基础、洪水时空态势图谱特征及类型,从图谱信息维度分析、图谱数据库设计、流域自然景观图谱、水利对象分类等方面阐述了流域洪水时空态势图谱构建基本思路。

2)在洪水灾害动态评估分析中的可视化技术。

明确了时空态势图谱的"图—数—模"一体化表达,是以时空态势图谱数据库为基础,提取出一系列图形图像、数值模拟、模型计算的组合,把二、三维地图和动态化、系列化专题要素表达贯穿、交织起来,反映时空特征及其变化特性,构成反映流域全貌和区域特征的图谱,借助图谱反演和模拟洪水时空变化,利用图谱的形象表达能力,对复杂现象进行简洁的表达,以多维图解来描述现状,并通过建立时空模型来重建过去和虚拟未来。

(2)洪水态势可视化展示方法

本章在洪水态势可视化展示方面将传统地图可视化技术与动态地图技术、三维仿真技术、大数据可视化技术等相结合,将地图引擎与大数据可视化引擎、图表引擎等结合,通过使用三维模型、颜色、透明度、夸张比、动态文字、图表、三维动画等方式对洪水演进态势进行增强表达。在可视化方面除了传统的定位图表、单值专题图、范围分段专题图、点密度专题图等类型,也结合地质统计等分析模型加入热力图、迁徙图、流向图、聚类图、麻点图等多种类型的可视化效果。

研究表明,通过流场地图,可以直观地表现出洪水在特定时刻的流速和流向情况;通过热力图可直观地表现出不同时刻,淹没区域的人口分布信息;通过流向图可表现洪水在一维河道的演进,以及受灾群众安全转移路线。结合多时序数据及流场地图可提供重点区域、城镇的二维淹没仿真,仿真展示内容包括淹没范围、淹没水深、达到时刻、淹没历史等,结合洪水灾害评估相关研究成果,可以动态展示出不同的调度方案下,洪水的灾害损失情况。微观场景下,洪水态势展示需要提供水体仿真及水利工程的运用仿真。研究结合防洪业务需求,提出了三维仿真引擎应满足的功能、性能指标,明确了仿真引擎应提供的相关仿真服务。

(3)"四预"仿真功能设计

针对防洪"四预"仿真功能涉及的实际监测信息、现场监视信息、预测预报信息、演变趋势信息、调度效果评价信息,借助三维仿真技术进行了直观可视化表达。

预报方面基于流域可视化模型,依托三维可视化技术,将水雨情监测信息、洪水超警信息、水雨情查询分析、水雨情预报预警信息及水雨情专题报告(指公报、简报等种类分析报告)等融合,以地图加图表结合的方式提供服务。

预警方面根据防汛风险指标计算结果,动态生成专题图表,以可视化方式辅助系统用户明确当前防汛面临的形势。在三维场景中利用动态设色、目标闪烁等方式展示江河湖库洪水预警指标及预警信息。

预演方面提供流域尺度调度仿真,重点河段行洪仿真、重要库区淹没仿真、沿江城镇区域行洪仿真与蓄滞洪区行洪仿真。

预案方面以数字模拟仿真引擎和调度智能引擎为基础,基于流域三维可视化模型,围绕调度方案,集中展示相关实况、调度过程和效益评估信息,辅助用户快速进行方案优选及提出推荐解决方案。

(4)洪水时空数据组织设计研究

针对洪水演进模拟过程存在空间场景大、时间密度高、数据查询展示效率要求高的特点,设计了时空栅格结合面向对象的时空数据模型,作为洪水演进时空态势数据组织方式。

第7章 超标准洪水灾害动态评估典型应用

7.1 局部尺度——沂河分沂入沭以北应急处理区

7.1.1 示范区概况

沂河分沂入沭以北应急处理区又名沂左朱家庙蓄滞洪区。如果沂河出现超标准洪水，即沂河临沂站出现流量14000m³/s及其以上洪水时，通过科学合理调度，并且采用各种防汛措施，仍不能保证下游河道行洪安全，在此情况下，拟定沂河在朱家庙采取应急处理措施。

应急处理区分洪地点在沂河左岸朱家庙，堤防桩号59+100处，破堤长度200m，分洪口门可采用炸药临时爆破，分出的洪水滞蓄在分沂入沭以北，沂沭河之间的地区。最大分洪流量为2000m³/s，最大滞洪总量为8668万m³，最高滞洪水位57.0m（56黄海），滞洪面积53.534km²，共淹没村庄35个，迁移人口4.29万人，淹没耕地6.8万亩，临时搬迁乡镇企业20个，滞洪水位以下淹没损失6.78亿元。

由于分洪地点朱家庙处地势北高南低，破堤后洪水走向先是向东，然后向南流入蓄滞蓄区，此间，洪水经过8个村庄，淹没范围约18km²，搬迁人口1.6万人，淹没205国道约3km，行洪区内淹没损失2.8亿元。

当预报沂河临沂站洪峰流量超过12000m³/s时，彭道口闸分洪2500～3000m³/s，江风口闸分洪2500～3000m³/s，沂河江风口以下流量为7000m³/s。当采取上述措施仍不能满足要求时，超额洪水在分沂入沭以北地区采取应急措施处理。

沂左朱家庙蓄滞洪区基本情况见表7.1-1，沂左朱家庙蓄滞洪区撤退路线见图7.1-1。

7.1.2 模型应用

由图7.1-1可知，朱家庙溃口位于沂河干流左侧，分沂入沭水道以上约3km处，在该溃口的分析计算中，采用外江上游临沂站20年一遇、50年一遇和100年一遇设计洪水过程分析（图7.1-2），发生20年一遇、50年一遇、100年一遇洪水时将产生超额洪水，需要启用沂左朱家庙蓄滞洪区，溃口出流过程见图7.1-3。

表 7.1-1　　　　　　　　　　　沂左朱家庙蓄滞洪区基本情况表

蓄滞洪区名称		沂河左岸朱家庙蓄滞洪区
兴建时间(年)		1992
所在河流		沂河
所在市县		临沂市经济技术开发区
设计蓄滞洪水位(m)		57
设计蓄滞洪量(亿 m³)		0.8668
淹没面积(km²)		53.534
耕地(万亩)		5.2
地面高程范围(m,注明高程系)		52.5~59.7
运用时需转移人口(万人)		3.1708(1992 年数据)
涉及区域	乡镇(个)	2
	行政村(个)	68
	人口(万人)	10.4
区内	人口(万人)	4.2
	行政村(个)	27
进洪口门	口门位置	沂河中泓桩号 58+240
	口门高程(m)	60.5~60.7
	口门宽度(m)	360
退洪口门	口门位置	黄庄穿涵
	口门高程(m)	53.71(20 年一遇防洪流量)
	口门宽度(m)	

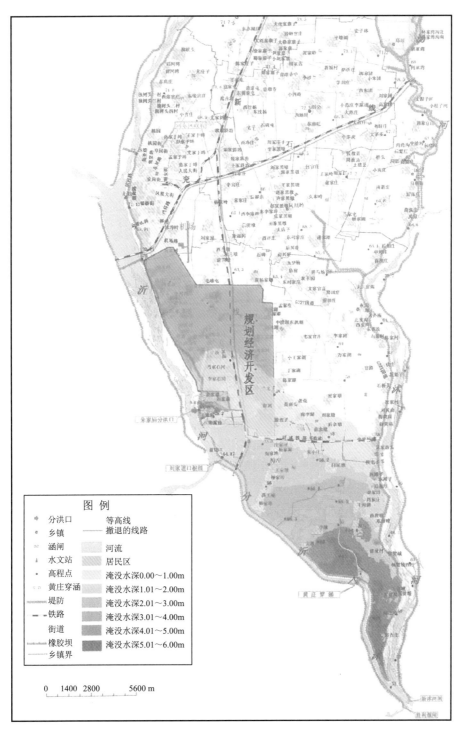

图 7.1-1　沂左朱家庙蓄滞洪区撤退路线

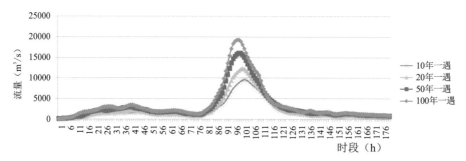

图 7.1-2　临沂站设计洪水过程线

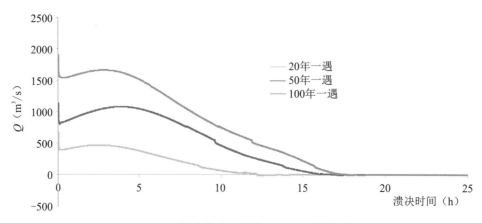

图 7.1-3　沂左朱家庙分洪口各工况流量过程

1) 100 年一遇设计洪水过程下的洪水演进情况见图 7.1-4。

　　洪水溃决后,很快向东运动,约 6h 后洪水主体转向东南侧运动,9h 后溃决洪水通过黄庄穿涵,约 12h 后洪水前缘到达沭河的右侧,随后洪水淹没范围没有再明显增大。

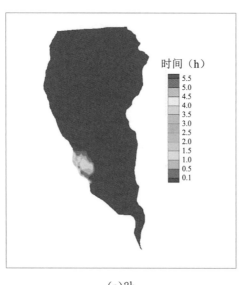

(a) 2h

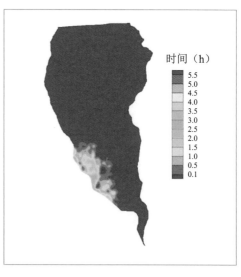

(b) 6h

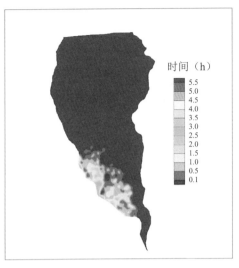

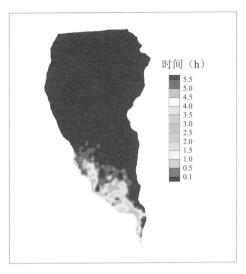

(c)9h

(d)20h

图 7.1-4 沂河 100 年一遇设计洪水过程下的洪水演进

100 年一遇设计洪水过程下灾害损失评估结果见表 7.1-2。

表 7.1-2 100 年一遇设计洪水过程下灾害损失评估结果

指标	2h	6h	9h	20h
居民地资产(万元)	12445.37	37181.04	50292.59	63697.47
工商业资产(万元)	759.63	2269.42	3069.72	3887.91
农业损失(万元)	949.24	2835.88	3835.93	4858.35
总损失(万元)	14154.24	42286.34	57198.24	72443.73

2)50 年一遇设计洪水过程下的洪水演进情况见图 7.1-5。

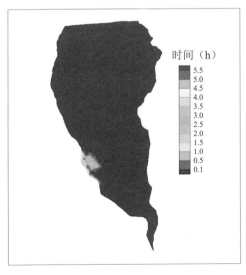

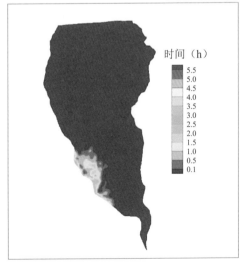

(a)2h

(b)6h

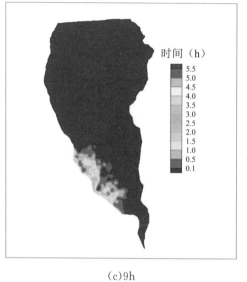

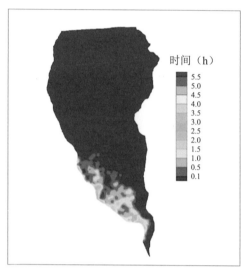

(c)9h   (d)20h

图 7.1-5　沂河 50 年一遇设计洪水过程下的洪水演进

50 年一遇设计洪水过程下灾害损失评估结果见表 7.1-3。

表 7.1-3　　　　　　　　50 年一遇设计洪水过程下灾害损失评估结果

指标	2h	6h	9h	20h
居民地资产(万元)	7057.35	23426.37	32877.26	40004.28
工商业资产(万元)	430.76	1429.88	2006.73	2441.75
农业损失(万元)	538.28	1786.78	2507.62	3051.22
总损失(万元)	8026.39	26643.03	37391.61	45497.25

3)20 年一遇设计洪水过程下的洪水演进情况见图 7.1-6。

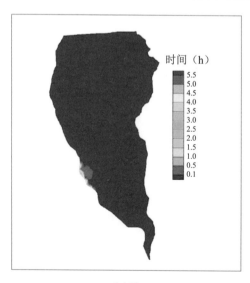

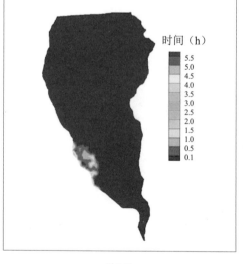

(a)2h   (b)6h

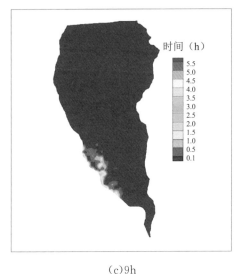
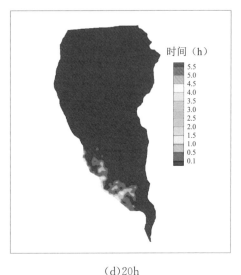

(c)9h   (d)20h

图 7.1-6 沂河 20 年一遇设计洪水过程下的洪水演进

20 年一遇设计洪水过程下灾害损失评估结果见表 7.1-4。

表 7.1-4　　　　　　　　　**20 年一遇设计洪水过程下灾害损失评估结果**

指标	2h	6h	9h	20h
居民地资产(万元)	3344.52	9862.58	12439.27	13393.11
工商业资产(万元)	204.14	601.98	759.26	817.48
农业损失(万元)	255.09	752.24	948.77	1021.52
总损失(万元)	3803.75	11216.80	14147.30	15232.11

7.2　局部尺度——松辽流域嫩江胖头泡蓄滞洪区

7.2.1　示范区概况

胖头泡蓄滞洪区位于黑龙江省肇源县西北部,嫩江与松花江干流的左岸,北以南引水库为界,西、南以嫩江、松花江干流堤防为界,东以林肇路和安肇新河为界,总面积 1994km²,东西宽约 46km,南北长约 58km,地势从西北向东南逐渐降低,是松花江流域防洪工程体系的重要组成部分,主要防洪任务是分蓄嫩江洪水。

1998 年嫩江、松花江大洪水造成多处堤防决口,嫩江右岸泰来大堤与左岸胖头泡溃堤洪水规模较大,其中胖头泡堤段分洪高达 64.3 亿 m³,从一定程度上降低了下游水位,缓解了哈尔滨市的防洪压力。2001 年 4 月国务院批准了《关于加强嫩江松花江近期防洪建设的若干意见》,提出建设胖头泡蓄滞洪区,作为松花江流域防洪工程体系的重要组成部分。

7.2.2　模型应用

模型洪水计算时间从 1998 年 8 月 1 日 8 时至 1998 年 9 月 20 日 8 时。1998 年洪水胖头泡溃堤肇源农场附近,模型采用30112个网格覆盖胖头泡蓄滞洪区计算区域,网格的平均步长为750m左右,在溃口位置进行了局部加密,空间步长约为100m。

分洪口宽度是决定进口流量的主要因素,尽管理论上流量大小与分洪口宽度成正比,合适的口门宽度对于削减洪峰过程已经足够,无限扩大口门宽度意义不大,而且不经济。为了对比减灾效益,对于胖头泡蓄滞洪区的口门宽度设定,计算选取了350m和500m两种方案组,满足了常用口门尺寸和紧急决策尺寸范围,可以用于启用常规以及临时紧急方案时参考。

(1)口门宽度设计为350m

图7.2-1为胖头泡蓄滞洪区的淹没过程。可以看出洪水决口后,洪水迅速流入东北低洼处,形成巨大的淹没区,随着时间的推移,洪水向东北和东南方向传播。

口门宽度设计为350m时灾害损失评估结果见表7.2-1。

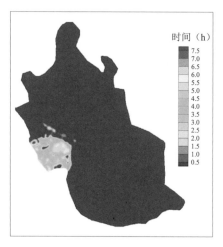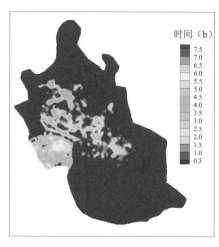

(a)100h　　　　　　　　　　　　　　　(b)150h

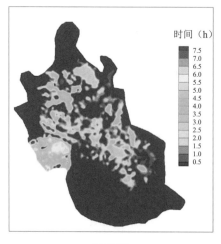

(c)200h

图7.2-1　胖头泡蓄滞洪区口门宽度设置为350m情况下的1998年洪水演进过程

表 7.2-1　　　　　　　　　　　口门宽度设计为 350m 时灾害损失评估结果

指标	淹没时间(h)		
	100	150	200
淹没面积(km²)	458.91	642.47	908.64
淹没区人口(万人)	5.63	7.88	11.14
淹没区 GDP(万元)	277281.25	388193.75	549016.88
居民房屋损失(万元)	182500.00	255500.00	361350.00
家庭财产损失(万元)	144062.50	201687.50	285243.75
农业损失(万元)	1419632.19	1987485.06	2810871.73
工业资产损失(万元)	449144.65	628802.51	889306.41
商贸业资产损失(万元)	170808.26	239131.57	338200.36
合计(万元)	3791412.06	5307976.88	7506995.87

（2）口门宽度设计为 500m

图 7.2-2 为胖头泡蓄滞洪区的淹没过程。可以看出洪水决口后,洪水迅速流入东北低洼处,形成巨大的淹没区,随着时间的推移,洪水向东北和东南方向传播。

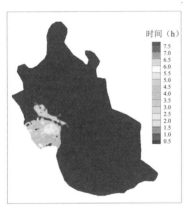
（a）100h

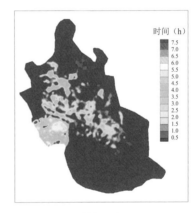
（b）150h

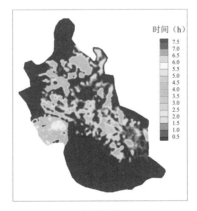
（c）200h

图 7.2-2　胖头泡蓄滞洪区口门宽度设置为 500m 情况下的 1998 年洪水演进过程

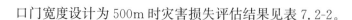

口门宽度设计为 500m 时灾害损失评估结果见表 7.2-2。

表 7.2-2 　　　　　口门宽度设计为 **500m** 时灾害损失评估结果

指标	淹没时间（h）		
	100	150	200
淹没面积（km²）	550.69	780.15	986.66
淹没区人口（万人）	6.75	9.56	12.09
淹没区 GDP（万元）	332737.50	471378.13	596154.69
居民房屋损失（万元）	219000.00	310250.00	392375.00
家庭财产损失（万元）	172875.00	244906.25	309734.38
农业损失（万元）	1703558.63	2413374.72	3052209.20
工业资产损失（万元）	538973.58	763545.91	965661.00
商贸业资产损失（万元）	204969.91	290374.04	367237.76
合计（万元）	4549694.47	6445400.50	8151535.92

（3）减灾效益

不同口门宽度设置下的减灾效益对比见表 7.2-3。可以看到，350m 口门宽度下要比 500m 口门宽度下受损程度更轻。这也说明不是分洪口宽度越大，分洪效果越好。尽管在有效分洪范围内，开启分洪口的时机越晚，可以有更充足的时间进行人员疏散和爆破准备，但是考虑到削峰效果，需要根据不同的分洪时间进行分洪口宽度的选择。

表 7.2-3 　　　　　不同口门宽度设置方式下减灾效益

指标	350m 口门宽度	500m 口门宽度	减灾效益
淹没面积（km²）	908.64	986.66	78.01
淹没区人口（万人）	11.14	12.09	0.96
淹没区 GDP（万元）	549016.88	596154.69	47137.81
居民房屋损失（万元）	361350.00	392375.00	31025.00
家庭财产损失（万元）	285243.75	309734.38	24490.63
农业损失（万元）	2810871.73	3052209.20	241337.47
工业资产损失（万元）	889306.41	965661.00	76354.59
商贸业资产损失（万元）	338200.36	367237.76	29037.40
合计（万元）	7506995.87	8151535.92	644540.05

7.3　区域尺度——长江流域荆江分洪区

7.3.1　区域概况

荆江分洪区地处长江的荆江河段，位于湖北省公安县境内，东北濒临长江，南抵安乡河，与湖南省安乡县接壤，西靠虎渡河。南北长 70km，东西平均宽 13km，狭颈处 2.7km，区内地势北高南低，地面高程 34.00～39.00m（冻结吴淞高程，下同）。荆江分洪区始建于 1952 年，总面积

921.34km²,设计蓄洪水位(黄金口)42.00m,设计蓄洪容量 54 亿 m³,分洪流量 7700m³/s。当遭遇超标准洪水时,需要与涴市扩大区、虎西备蓄区等蓄滞洪区联合运用。即当三峡水库水位高于 171.0m 之后,如上游来水仍然很大,水库下泄流量将逐步加大至控制枝城站流量不超过 80000m³/s,为控制沙市站水位不超过 45m,需要荆江地区蓄滞洪区配合使用。若仍不能控制沙市水位上涨,则爆破涴市扩大区江堤进口后门及虎渡河里甲口东、西堤,与荆江分洪区联合运用。运用虎渡河节制闸(南闸)兼顾上下游控制泄流,最大不超过 3800m³/s,同时做好虎西备蓄区与荆江分洪区联合运用的准备,预报荆江分洪区内蓄洪水位(黄金口站,下同)将超过 42.00m 时,爆破虎东堤、虎西堤,使虎西备蓄区与荆江分洪区联合运用。

7.3.2　模型应用

构建一、二维耦合模型,一维模型范围为枝城至监利,二维模型包括荆江分洪区、涴市扩大分洪区和虎西备蓄区,共计 1103.34km²,模型范围见图 7.3-1。二维模型中,精细化模拟采用 30530 个平均空间步长为 200m 的细网格,快速模拟采用 5520 个平均空间步长为 500m 的粗网格,模型在荆江分洪区北闸、腊林洲分洪口门和涴市扩大分洪区查家月进洪口设置为流量入流边界,在虎渡河南闸、荆江蓄滞洪区无量庵江堤口门处设置为出流边界,在虎渡河里甲口、肖家咀两处设置为内部控制边界。一维模型在荆江分洪区北闸、腊林洲江堤分洪口门处、荆江蓄滞洪区无量庵江堤口门处以及涴市扩大分洪区查家月进洪口门处进行了耦合。

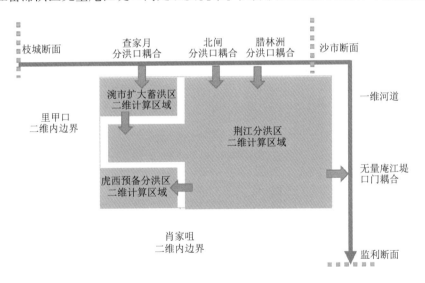

图 7.3-1　模型范围

利用洪水风险图分析成果,采用以下 3 种设计工况进行超标准洪水灾害动态定量评估。

1)以 1998 年型 200 年一遇设计洪水条件,沙市水位达到 45.0m,并预报继续上涨时,启用北闸分洪,分洪过程见图 7.3-2。

图 7.3-3 为精细化网格快速模拟条件下,采用以上工况计算的洪水淹没情况过程。

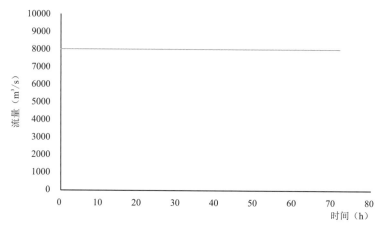

图 7.3-2　1998 年型 200 年一遇设计洪水下分洪过程

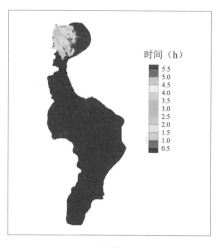

（a）5h

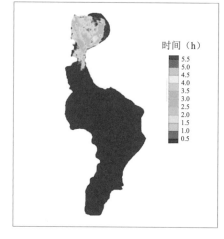

（b）10h

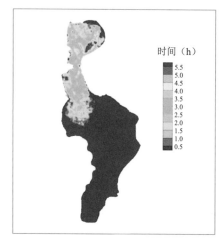

（c）25h

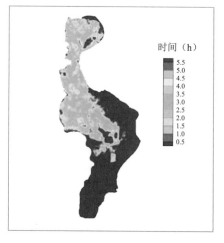

（d）50h

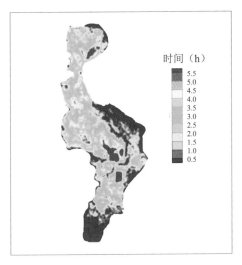

(e)72h

图 7.3-3　1998 年型 200 年一遇洪水下荆江分洪区淹没过程

1998 年型 200 年一遇洪水下荆江分洪区淹没灾害损失评估结果见表 7.3-1。

表 7.3-1　　1998 年型 200 年一遇洪水下荆江分洪区淹没灾害损失评估结果

指标	分洪时间(h)				
	5	10	25	50	72
淹没面积(km²)	58.73	115.11	337.69	528.56	845.70
淹没区人口(万人)	3.35	6.56	19.23	30.11	48.17
淹没区 GDP(万元)	58828.49	112997.76	389003.39	476510.77	847130.19
居民房屋损失(万元)	53172.45	102133.64	351602.83	430696.85	765683.16
家庭财产损失(万元)	12443.29	23423.05	94623.44	90711.58	179183.38
农业损失(万元)	21254.42	40008.98	161626.58	154944.72	306063.62
工业资产损失(万元)	3209.02	5919.80	28062.98	21054.38	46209.89
商贸业资产损失(万元)	1244.88	2296.48	10886.52	8167.66	17926.29
合计(万元)	93297.94	168667.90	938277.41	550915.01	1343490.29

2)以 1998 年型 1000 年一遇洪水条件,沙市水位达到 45.0m,并预报继续上涨时,启用北闸,若仍不能控制沙市水位上涨,爆破腊林洲口门,荆江分洪区整个分洪过程见图 7.3-4。

图 7.3-5 为精细化网格快速模拟条件下,采用以上工况计算的洪水淹没情况过程。

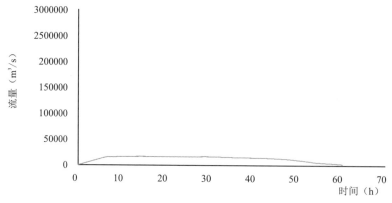

图 7.3-4　1998 年型洪水 1000 年一遇洪水下分洪过程

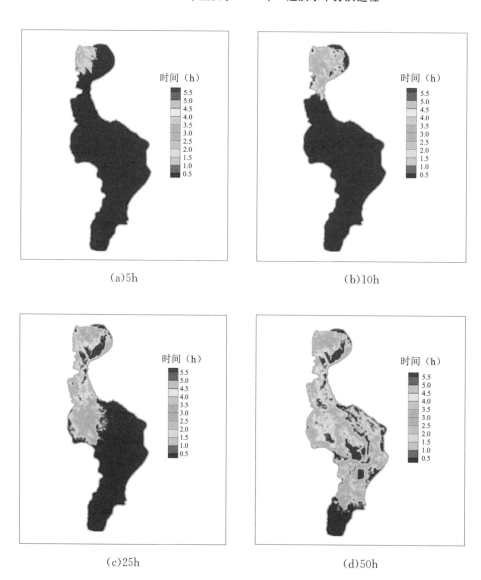

图 7.3-5　1998 年型 1000 年一遇洪水下荆江分洪区淹没过程

1998 年型 1000 年一遇洪水下荆江分洪区淹没灾害损失评估结果见表 7.3-2。

表 7.3-2 1998 年型 1000 年一遇洪水下荆江分洪区淹没灾害损失评估结果

指标	分洪时间（h）			
	5	10	25	50
淹没面积（km²）	34.06	119.69	397.71	813.11
淹没区人口（万人）	1.93	6.78	22.52	46.05
淹没区 GDP（万元）	33932.50	119227.40	396173.80	809969.90
居民房屋损失（万元）	39680.12	139422.50	463279.30	947165.70
家庭财产损失（万元）	9456.43	33226.70	110407.10	225725.30
农业损失（万元）	13300.46	46733.33	155287.50	317482.40
工业资产损失（万元）	2055.81	7223.44	24002.35	49072.36
商贸业资产损失（万元）	781.94	2747.48	9129.43	18664.95
合计（万元）	66589.59	233973.30	777456.70	1589496.00

3)以 1954 年型 1000 年一遇洪水条件,沙市水位达到 45.0m,并预报继续上涨时,启用北闸,若仍不能控制沙市水位上涨,爆破腊林洲口门,荆江分洪区整个分洪过程见图 7.3-6。

图 7.3-7 为精细化网格快速模拟条件下,采用以上工况计算的洪水淹没情况过程。

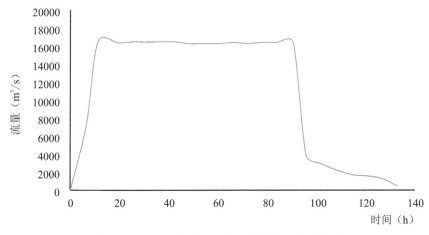

图 7.3-6 1954 年型 1000 年一遇洪水下分洪过程

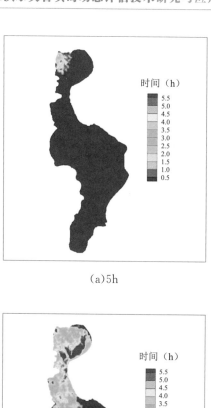
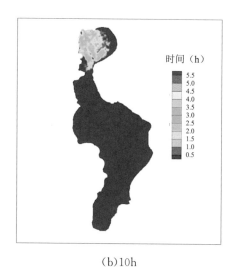

(a)5h   (b)10h

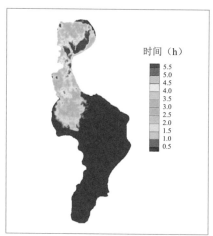
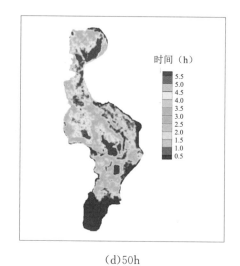

(c)25h   (d)50h

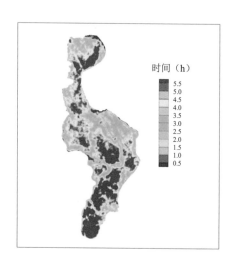
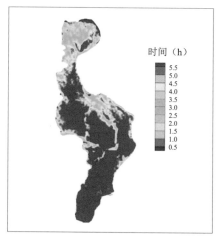

(e)75h   (f)100h

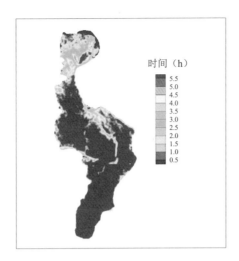

(g)132h

图 7.3-7　1954 年型 1000 年一遇洪水下荆江分洪区淹没过程

1954 年型 1000 年一遇洪水下荆江分洪区淹没灾害损失评估结果见表 7.3-3。

表 7.3-3　　　　　　1954 年型 1000 年一遇洪水下荆江分洪区淹没灾害损失评估结果

指标	分洪时间(h)						
	5	10	25	50	75	100	132
淹没面积(km²)	8.381746	36.64869	183.8847	430.4872	675.3252	866.4888	901.36
淹没区人口(万人)	0.4756438	2.079725	10.43501	24.42911	38.32307	49.17115	51.15
淹没区 GDP(万元)	8368.226	36589.57	183588.1	429792.7	674235.8	865091	899905.96
居民房屋损失(万元)	13492.9	58996.9	296016.8	692996.4	1087136	1394870	1451005.4
家庭财产损失(万元)	3251.412	14216.6	71331.78	166992.8	261969.3	336124.7	349651.75
农业损失(万元)	3525.587	15415.42	77346.85	181074.5	284059.9	364468.4	379136.19
工业资产损失(万元)	574.2799	2511.005	12598.96	29495.06	46270.28	59367.95	61757.17
商贸业资产损失(万元)	213.4687	933.3792	4683.228	10963.77	17199.37	22067.98	22956.09
合计(万元)	21435.75	93726.54	470272.7	1100942	1727098	2215986	2305166.95

7.4　区域尺度——河南"7·20"暴雨洪涝分析

本书构建的超标准洪水灾害实时动态定量评估模型在河南"7·20"暴雨洪涝分析中也进行了应用验证。

2021 年 7 月 17 日以来,河南省遭遇极端强降雨,引发了严重的城市内涝和流域局部洪水,造成重大社会影响和生命财产损失。7 月 22 日暴雨中心北移,新乡市中西部、鹤壁市南部等地区降中到大雨,局部暴雨。本次降雨过程累积最大点雨量辉县市龙水梯雨量站 1074mm,新乡市凤泉区分将池雨量站 970mm,卫辉市猴头脑雨量站 948mm。卫河支流淇河、卫河、共产主义渠等出现超保洪水。为降低河道洪水漫溢风险,紧急启用 10 处国家蓄滞洪区。面对严峻的极端强降水导致的洪水灾害,利用本书构建的超标准洪水灾害实时动态定量评估模型(图 7.4-1)开展了暴雨洪水分析、洪水灾害评估等工作,为后续洪水防御及洪水调查等提供了重要的技术支撑。

图 7.4-1   河南"7·20"暴雨洪涝分析系统

7.5   局部、区域、流域尺度——淮河中上游流域

本书构建的超标准洪水灾害实时动态定量评估在淮河流域 2020 年 7 月 19 日的暴雨洪水复盘中进行了应用,根据当时降雨情况利用构建的分布式水文模型进行了洪水模拟预报,基于预报结果和实测结果,采用本书的不同尺度的超标准洪水灾害实时动态定量评估模型进行了灾前洪水风险预评估与灾中洪水演进计算和淹没损失动态评估。

7.5.1   流域概况

模拟研究降水时间选取 2020 年 7 月 9 日 8 时至 7 月 19 日 8 时。根据累积雨量图分析,7 月 9 日以来,受低涡东移、梅雨峰及强盛低空急流共同影响,对照图例看,正阳关以上流域大部降水 100mm 以上,其中淮河上中游沿淮及以南地区降雨量 250mm 以上,局部超过500mm,最大点降雨量六安市响洪甸站 685.5mm(图 7.5-1)。19 日起副高增强北抬并控制淮河以南地区,流域降水基本结束。

受强降雨影响,19 日 8 时,淮河干流淮滨至正阳关河段全线超警,超警幅度达 0.2～1.4m,其中王家坝站水位 28.64m,超警戒水位 1.14m;正阳关站水位 24.27m,超警戒水位0.27m。淮河南部支流潢河、白露河、史灌河均发生了超保证水位的洪水。当时,正阳关以上流域内还有 10 座大型水库、24 座中型水库超汛限水位。根据相关规定,水利部淮河水利委员会水文局已发布了淮河洪水编号和淮河洪水预警。

图 7.5-1　2020 年 1 号洪水淮河水系降雨分布

7.5.2　模型应用

7.5.2.1　模型构建

基于最新获取的水下地形和高分辨率地形数据,构建了淮河中游鲁台子以上流域 8.86 万 km² 的分布式水文模型(共划分了 5157 个小流域计算单元)和基于 GPU 加速技术的高性能一、二维水动力学洪水模拟计算模型,采用一维水动力模型构建了淮河干流淮滨至鲁台子站的一维河网模型,采用二维水动力模型构建了沿程蒙洼、南润段、邱家湖和姜唐湖 4 个蓄滞洪区的洪水演进模型,实现了鲁台子以上全流域的数学模拟。对淮河干流河段划分提取 166 个横断面,剖分 6.34 万个网格,蒙洼、姜唐湖等 4 个行蓄洪区共剖分 7.73 万个网格,模型建模区域见图 7.5-2。

图 7.5-2　模型建模区域

7.5.2.2 洪水预报

图 7.5-3 采用全流域分布式水文模型得出的正阳关以上流域干支流全河段各个节点的洪水预报结果及数字流场。河道不同颜色代表流量大小，随着时间变化，可以查看每个节点的实时流量及流量过程。

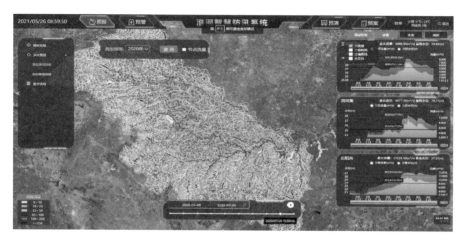

图 7.5-3　全流域分布式水文模型模拟结果展示

采用分布式模型预报，得到了王家坝、润河集、正阳关等主要断面的流量过程（图 7.5-4），洪峰流量分别是王家坝站约 7000m³/s、润河集站约 9100m³/s、正阳关站约 11500m³/s，最高水位分别是王家坝站约 29.93m、润河集站约 28.24m、正阳关站约 27.32m，分别超保证水位约 0.5m、0.5m 和 0.8m。

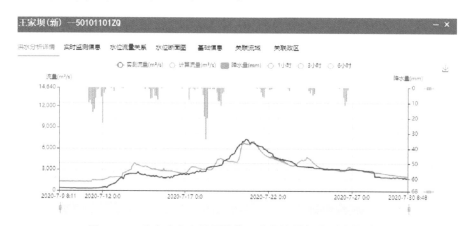

图 7.5-4　分布式水文模型计算王家坝流量与实测流量对比

7.5.2.3 防洪形势分析

预报计算结果表明，在行蓄洪区均不启用的情况下，淮河干流王家坝至正阳关河段将全线超过保证水位，蒙洼、南润段、邱家湖、姜唐湖、城西湖、城东湖共 6 个行蓄洪区均达到启用标准（图 7.5-5、图 7.5-6）。

图 7.5-5　淮河洪水预报调度系统预警计算分析一

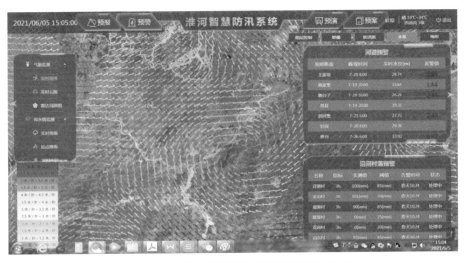

图 7.5-6　淮河洪水预报调度系统预警计算分析二

7.5.2.4　灾前预评估

根据预报和防洪形式分析结果,进行了两种不同调度方案下的淹没损失评估。一种调度方案为规则调度方案,另一种调度方案为优选决策方案。

(1)规则调度方案。

1)蒙洼蓄洪区。当王家坝水位达到 29.3m,且继续上涨,视雨情、水情和工情,适时启用蒙洼蓄洪区。

2)城西湖蓄洪区。当润河集水位超过 27.7m,或正阳关水位已达 26.5m 时,视淮北大堤等重要工程情况,适时运用城西湖蓄洪区。

3)南润段蓄洪区。当南照集水位达到 27.9m 时,运用南润段蓄洪,必要时可行洪。

4)邱家湖蓄洪区。当润河集水位达到 27.7m,或临淮岗坝前水位达到 27.0m,或正阳关水位达到 26.0～26.5m 时,运用邱家湖蓄洪区,邱家湖蓄洪区先于姜唐湖行洪区运用。

5)城东湖蓄洪区。当正阳关水位达到 26.0～26.5m,或淮北大堤等重要工程出现严重险情时,适时运用城东湖蓄洪区,以控制正阳关水位。

6)姜唐湖行洪区。当控制站润河集水位达到 27.7m,或临淮岗坝前水位达到 27.0m,或正阳关水位达到 26.0～26.5m,开闸行洪。姜唐湖行洪区先于城西湖蓄洪区运用。

以下为规则调度方案情况下行蓄洪区启用情况:

蒙洼蓄洪区 7 月 20 日 8 时左右启用,预计进洪水量约 4.5 亿 m^3;

城西湖蓄洪区 7 月 20 日 9 时左右启用,预计进洪水量约 1.7 亿 m^3;

南润段蓄洪区 7 月 20 日 10 时左右启用,预计进洪水量约 0.45 亿 m^3;

邱家湖蓄洪区 7 月 20 日 11 时左右启用,预计进洪水量约 1.3 亿 m^3;

城东湖蓄洪区 7 月 20 日 11 时左右启用,预计进洪水量约 0.9 亿 m^3;

姜唐湖行洪区 7 月 20 日 12 时左右启用进洪闸,预计进洪水量约 6.0 亿 m^3。

规则调度下,各行蓄洪区的运用能够有效降低各代表站最高水位,但由于行蓄洪区超蓄水量大,也造成了更大的经济损失。

(2)优选决策方案

根据实时雨情、水情、工情和预报水情综合考虑,计算中考虑的主要控制指标是:启用的行蓄洪区个数要尽量少,水位要尽量低。从计算结果看,针对本场洪水,建议启用蒙洼、南润段、邱家湖、姜唐湖这 4 个行蓄洪区。分别是:

蒙洼蓄洪区 7 月 20 日 8 时左右启用,预计进洪水量约 3.7 亿 m^3;

南润段蓄洪区 7 月 20 日 10 时左右启用,预计进洪水量约 0.6 亿 m^3;

邱家湖蓄洪区 7 月 20 日 12 时左右启用,预计进洪水量约 1.5 亿 m^3;

姜唐湖行洪区 7 月 20 日 12 时左右启用进洪闸,预计进洪水量约 5.1 亿 m^3;7 月 20 日 14 时左右启用退洪闸反向进洪,反向进洪水量约 2.5 亿 m^3。

两种不同调度方案下的灾害损失对比情况见表 7.5-1。从对比结果可知:优选决策方案主要控制站超保历时虽比规则调度方案更长,但由于行蓄洪区启用数量更少,淹没损失更小,因此综合考虑,采取优选决策方案进行调度更为合适。

7.5.2.5 灾中实时动态评估

根据提出的洪水决策调度方案,启用了蒙洼、南润段、邱家湖、姜唐湖这 4 个行蓄洪区,计算了 4 个行蓄洪区的洪水演进过程。4 个行蓄洪区运用后,王家坝站最高水位可从 29.93m 降至 29.72m,降幅为 0.21m。2020 年蒙洼蓄洪区启用后,王家坝站实际最高水位为 29.75m,本次计算最高水位与其仅相差 0.03m,也表明模型模拟效果较好。润河集站最高水位可从 28.24m 降至 27.94m(实际 27.92m),降幅为 0.3m。正阳关站最高水位可从 27.32m 降至 26.82m(实际 26.75m),降幅为 0.5m。这与 2020 年实际发生的情况均基本一致。基于洪水分析计算进行洪水灾害评估。图 7.5-7 展示了淮河王家坝河段 7 月 1—20 日包含局部、区域、流域 3 种尺度的洪水淹没和灾害损失评估过程。

表 7.5-1 两种不同调度方案下的灾害损失对比情况

方案选择	工程启用情况			最高水位(m)			超保历时(h)			淹没损失统计				
	大型水库—超汛限	行洪区	蓄洪区	王家坝	润河集	正阳关	王家坝	润河集	正阳关	影响GDP(万元)	影响村庄(个)	影响人口(人)	淹没面积(km²)	滞洪量(万m³)
规则调度	石山口、五岳、泼河、石漫滩、梅山、鲇鱼山、燕山、磨子潭、白莲崖、响洪甸(10)	姜唐湖(1)	蒙洼、城西湖、南润段、邱家湖、城东湖(5)	29.60(-0.33)	27.73(-0.51)	26.60(-0.72)	34	17	11	63320	229	430513	378	133650
优选决策方案	石山口、五岳、泼河、石漫滩、梅山、鲇鱼山、燕山、磨子潭、白莲崖、响洪甸(10)	姜唐湖(1)	蒙洼、邱家湖、南润段(3)	29.72(-0.21)	27.94(-0.3)	26.82(-0.5)	42	24	16	45590	172	344411	310	96390

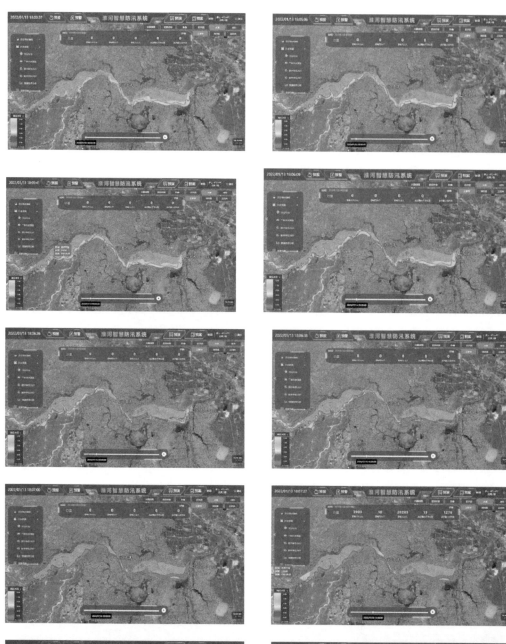

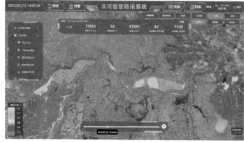

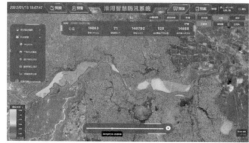

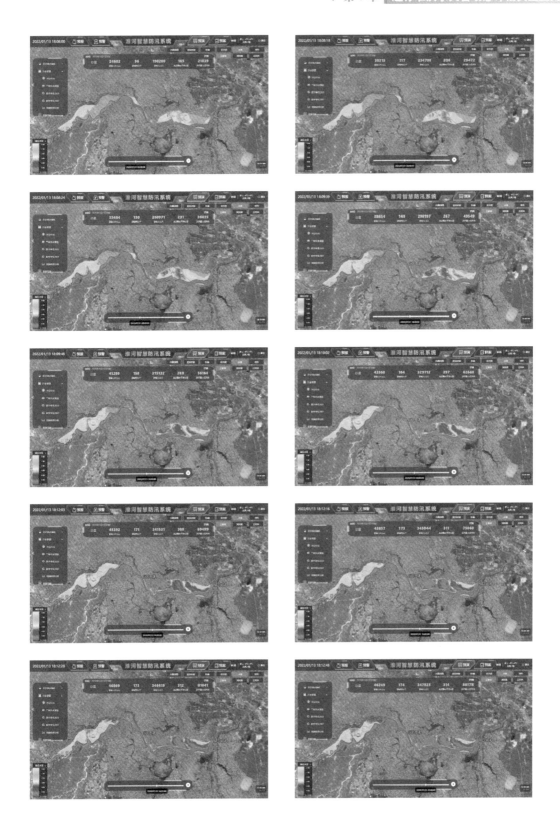

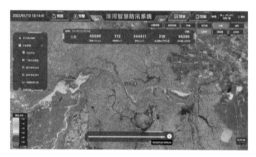

图 7.5-7　在数字流场上进行洪水模拟预演

7.5.3　区域应对超标准洪水灾害恢复能力评估

选择蚌埠和淮南两个城市作为对象,采用表 3.2-1 中恢复能力的指标,评估两个城市在应对超标准洪水时的恢复能力。基于《淮南统计年鉴 2019》《蚌埠统计年鉴 2019》《2019 年淮南市人口变动抽样调查主要数据公报》的统计数据,选择人均医疗床位数和地均财政收入作为评价指标,评价结果见表 7.5-2 和表 7.5-3。由表 7.5-2 可知,蚌埠市的人均医疗床位数和地均财政收入均高于淮南市,因此,蚌埠市应对超标准洪水的恢复能力强于淮南市。此外,由表 7.5-3 可知,淮南市市辖区的人均医疗床位数和地均财政收入依次大于凤台县和寿县,因此,在应对超标准洪水时,淮南市市辖区的恢复能力强于凤台县,凤台县强于寿县。

表 7.5-2　　　　　　　　　　　　蚌埠市与淮南市恢复能力指标对比

人均医疗床位数			
指标	床位总数 (张)	常住人口数 (万人)	人均医疗床位数 (张/万人)
淮南	18778	349	53.8
蚌埠	21076	329.6408	63.95

地均财政收入			
指标	地方财政收入 (万元)	面积 (km²)	地均财政收入 (万元/km²)
淮南	1739146	5533	314.32
蚌埠	2947210	5951	495.25

表 7.5-3　　　　　　　　　　　　淮南市各区（县）恢复能力指标对比

区县	区县名称	床位总数（张）	常住人口数（万人）	人均医疗床位数（张/万人）	人均医疗床位数（张/万人）	地方财政收入（万元）	面积（km²）	地均财政收入（万元/km²）
市辖区	大通区	1109	18.7	59.30	57.23	1095308	1447	756.95
	田家庵区	6793	63.1	107.65				
	谢家集区	2310	32.7	70.64				
	八公山区	915	17.7	51.69				
	潘集区	1404	41.2	34.08				
	毛集区	210	10.5	20.00				
县	凤台县	2690	59.8	44.98	44.98	440047	1100	400.04
	寿县	3347	105.3	31.79	31.79	203791	2986	68.25

7.6　长江流域其他重点河段

以 2020 年长江流域洪水调度推演仿真为例，基于时空态势图谱的理论与方法，实现了洪水态势多维表达、可视化模拟以及交互式推演原型系统开发。原型系统在三维场景中呈现水情、雨情、工情、险情等信息时空变化，并对重点河段（监利至城陵矶）、重点水库（三峡）、重点城镇（重庆市南岸区）、重要蓄滞洪区（钱粮湖）等重点区域开展了行洪仿真（图 7.5-8、图 7.5-9）。仿真系统可辅助决策者直观了解防洪形势，了解调度后的洪水态势变化，为防洪决策提供辅助支持。

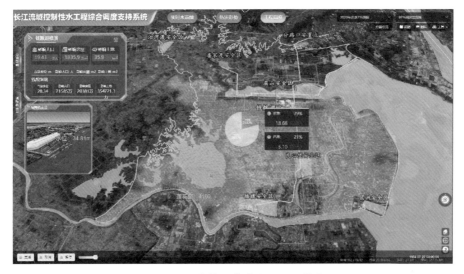

图 7.5-8　钱粮湖蓄滞洪区运用仿真

图 7.5-9　重庆市淹没前后对比展示

（1）洪水演变态势过程的直观呈现

系统对重点关注的防洪对象和区域进行可视化呈现，直观表达河道洪峰移动和汇集态势、库区淹没态势、堤防超负荷运行态势、分蓄洪工程运用态势等信息。洪峰移动和汇集态势可以呈现洪水后续的潜在影响区域，在调度决策中给出一定的提前量；库区淹没态势可以呈现三峡库区各控制断面的风险状况，为长江上游各梯级水库群的运用提供依据；堤防超负荷运行态势可以呈现中下游的防洪风险形势，为洲滩民垸的运用提供依据；分蓄洪工程运用态势可以呈现行洪过程、人员避险转移、淹没损失间的动态关系，为极端洪水形势下的分蓄洪工程优选提供参考。

（2）宏观、中观、微观相结合的防洪调度过程再现

在宏观尺度下，对时空态势的关注点主要在流域整体干支流汇集和工程拦蓄行为，将计算得出的洪水流量、达到时间等抽象指标转换为动态的洪水汇集动态过程，并在各洪峰汇集点添加三维地图标注，辅以防洪调度指标的三维动态专题图，可以直观呈现流域的整体防洪概况。

在中观尺度下，直观呈现重要干支流区间和重点防洪区域的洪水演化规律和风险，通过一维水动力学计算动态推演区域内的洪水汇集模式，通过风险影响区域计算和动态分级设色呈现洪水影响范围和风险等级。

在微观尺度下，对重点水库、重点河段、重点蓄滞洪区、重点城镇行洪过程进行仿真，对重点站点预报和发生调度后的形势，通过高精度倾斜摄影、三维地形、三维模型与三维动态水面叠加直观呈现淹没影响。原型系统可集成洪水灾害监测成果，通过多时相高精度影像卷帘对比分析，快速识别洪水造成的影响。

第8章 主要成果及结论

8.1 主要成果

1)构建了面向超标准洪水的天空地一体化灾害协同监测体系,提出了监测指标快速智能提取技术。

针对超标准洪水遥感监测指标提取的需求,分别建立了不同天气状况下的流域、区域、局部尺度超标准洪水天空地协同监测方案以及超标准洪水发生前、发展中、发生后天空地协同监测方案,结合研发的多源多时相数据深度学习智能提取技术,提出了洪水危险性指标和洪水影响指标实时动态提取方案,并形成了无人机超标准洪水的灾害监测全流程智能化技术体系。本书形成的监测方案与技术体系对于流域超标准洪水监测及其他突发灾害的应急调查、预警、分析评估、决策咨询等具有指导意义。

以2020年长江防汛应急监测为示范,基于天空地协同的超标准洪水监测体系,采用深度学习智能提取技术快速提取超标准洪水灾害监测指标,结合地理信息空间分析技术,开展了三峡库区淹没影响范围预测及淹没影响分析。试验结果表明,该技术实现了对洪水淹没范围较准确的预测和淹没指标的快速提取,有效缩小了防灾范围,为制定抢险救灾最佳方案提供了快速、准确、直观的数据支撑,提高了灾情应急处理能力和效率。

2)将韧性理念纳入洪水风险理论,构建了局部、区域和流域3种不同空间尺度的超标准洪水灾害风险评估指标体系,完善提升了超标准洪水灾害评估理论体系。

将韧性理念纳入洪水风险理论,完善提升了超标准洪水灾害评估理论体系。从危险性、后果影响、恢复力3个方面识别超标准洪水灾害风险评估指标。其中,危险性指标包含洪水或降雨发生频率、淹没水深、淹没历时等洪水频率或洪水淹没特征指标;后果影响包括社会影响指标、经济影响指标和生态环境影响指标;恢复力指标则反映承灾体/系统从超标准洪水灾害中恢复到灾前状况的能力。根据评估目的、资料的详细程度以及应用场景等具体情况,构建了局部、区域和流域3种不同空间尺度的超标准洪水灾害风险评估指标体系。其中,局部尺度超标准洪水灾害风险评价指标体系包含33个指标,区域尺度超标准洪水灾害风险评价指标体系包含30个指标,流域尺度超标准洪水灾害风险评价指标体系包含10个指标。

3)提出了超标准洪水局部、区域、流域 3 种空间尺度洪水灾害损失评估方法和超标准洪水非经济影响的评估方法。

①局部尺度:根据洪水承灾特性建立分类承灾体洪灾损失率曲线关系,结合局部尺度的洪水淹没模拟结果详细计算超标准洪水对局部区域造成的直接经济损失。

②区域尺度:以土地利用类型为承灾体分类,建立不同土地利用类型与洪水特征之间的关系,结合洪水特征,评估洪水造成的影响和损失。

③流域尺度:提出面上综合损失方法,以流域为评估对象,快速整体评估超标准洪水灾害损失,其中面上综合损失指标(人均、地均指标)的取值根据历史洪水灾害及现状经济发展状况综合分析确定。

在超标准洪水灾害非经济损失评估方面,提出了超标准洪水对人口影响、生态环境影响等非经济影响的评估方法,梳理了超标准洪水灾害间接损失评估方法及伤亡人口评估方法。

在长江流域荆江分洪区、嫩江流域胖头泡蓄滞洪区和沂沭泗流域沂左朱家庙蓄滞洪区进行了模拟应用。将局部尺度方法应用于荆江分洪区,确定了荆江分洪区各类承灾体损失率—水深关系,评估了长江流域遭遇 1998 年型 200 年一遇、1998 年型 1000 年一遇以及 1954 年型 1000 年一遇洪水荆江分洪区启用后的受灾情况。结果表明,3 种情景下的洪灾损失均在 130 亿元以上,居民房屋损失、家庭财产和农业损失在总损失中的占比较大。

4)适应多空间尺度超标准洪水灾害动态评估需求,提出了流域超标准洪水不同空间尺度洪水灾害影响计算方法。

在局部尺度,也就是重点河段与蓄滞洪区,充分考虑地形的复杂性,利用二维精细化模型计算超标准洪水灾害影响范围以及洪水淹没水深、淹没历时等全要素信息;在区域和流域尺度,长河道采用一维数学模型,重点河段与蓄滞洪区对完全水动力模型进行离散简化,构建快速计算模型进行区域洪灾影响快速模拟,其中一、二维模型实现河道纵向以及与蓄滞洪区侧向的耦合,二维模型要进一步建立基于多线程异构并行优化的模型加速算法,提高流域超标准洪水的计算速度。采用 OpenACC 作为并行计算基础环境,将二维模型进行程序上的并行化,提高计算效率,为大尺度的区域和流域超标准洪水灾害评估提供技术保障。

5)构建了不同空间尺度超标准洪水灾害实时动态评估模型,并在荆江分洪区、沂河分沂入沭以北应急处理区、嫩江胖头泡蓄滞洪区、淮河上中游以及河南郑州等多个地区进行示范应用,实现了超标准洪水灾害实时动态定量评估。

基于实时降雨、洪水信息,研发基于并行加速计算技术的不同空间尺度超标准洪水灾害快速定量评估模型,实现淹没范围、淹没水深、淹没历时等主要洪水影响要素以及农作物、家庭财产、工业资产、商业资产等经济损失的实时动态快速模拟计算。通过与天空地一体化灾害监测平台实时提取的监测指标相互验证,实时动态修正洪水影响计算模型参数。流域、区域性超标准洪水灾害评估为分蓄洪区启用、水库工程调度提供决策参考;局部超标准洪水灾害评估提供水动力、灾害损失等全要素信息支撑,为避险转移安置等方案的制定提供依据,构建局部尺度超标准洪水灾害评估。

在局部尺度,选取沂河分沂入沭以北应急处理区、嫩江胖头泡蓄滞洪区为示范区,进行了模型的应用:①沂河分沂入沭以北应急处理区又名沂左朱家庙蓄滞洪区,朱家庙溃口位于沂河干流左侧,在该溃口的分析计算中,通过构建二维水动力模型,采用外江20年一遇、50年一遇和100年一遇的设计洪水条件下的溃口出流过程作为输入条件,对1~20h的蓄滞洪区内洪水演进淹没过程进行了分析计算。并采用局部尺度超标准洪水灾害评估方法进行了1~20h洪灾损失的动态分析评估,3种情景下的洪灾损失分别为1.5亿元、4.5亿元和7.5亿元,居民地资产损失在总损失中占比最大。②对于嫩江胖头泡蓄滞洪区1998年8月1日至1998年9月20日的大洪水,同样采用二维水动力模型和局部尺度灾害评估方法进行了1~200h的动态淹没分析计算以及灾害损失评估。并且为了对比减灾效益,对于胖头泡蓄滞洪区的口门宽度设定,计算选取了350m和500m两种方案,不同方案下的洪灾损失分别为751亿元和850亿元,农业损失在总损失中占比最大,且350m口门宽度要比500m口门宽度设置受损程度轻,说明不是分洪口宽度越大分洪效果越好,需要根据不同的分洪时间进行分洪口宽度的选择。

在区域尺度,选取长江流域荆江分洪区、河南郑州为示范区进行了模型的示范应用:①对于荆江分洪区,构建了基于并行加速计算技术的一、二维耦合模型,一维模型范围为枝城至监利,二维模型包括了荆江分洪区、涴市扩大分洪区和虎西备蓄区,对该流域遭遇1998年型200年一遇、1998年型1000年一遇以及1954年型1000年一遇洪水荆江分洪区启用后的1~72h的演进淹没过程进行了动态分析计算,并采用区域尺度灾害评估方法进行了1~72h洪灾损失的动态分析评估,3种情景下的洪灾损失分别为134亿元、159亿元和231亿元,居民房屋损失、家庭财产和农业损失在总损失中的占比较大。②对于河南郑州"7·20"暴雨,为降低河道洪水漫溢风险,紧急启用10处国家蓄滞洪区,面对严峻的极端强降水导致的洪水灾害,利用本书构建的区域尺度超标准洪水灾害实时动态定量评估模型开展了暴雨洪水分析以及洪水灾害评估等工作,为后续洪水防御及洪水调查等提供了重要技术支撑。

流域、区域、局部尺度联合应用,选取淮河中上游流域2020年7月19日的暴雨洪水进行了模型的示范应用。基于最新获取的水下地形和高分辨率地形数据,将淮河干流河段划分提取166个横断面、剖分6.34万个网格,蒙洼、姜唐湖等4个行蓄洪区共剖分7.73万个网格,在此基础上构建了基于GPU加速技术的高性能一、二维水动力学洪水模拟计算模型。根据当时降雨情况利用构建的分布式水文模型进行了洪水模拟预报,基于预报结果和实测结果,采用本书的不同尺度的超标准洪水灾害实时动态定量评估模型进行了灾前洪水风险预评估、灾中洪水演进计算与淹没损失动态评估。模拟的水位演进效果较为精准,与2020年实际发生的淹没情况和损失情况基本一致。

6)构建了面向流域超标准洪水演变全过程的时空态势图谱技术体系,提出洪水态势图谱可视化展示方法,并对长江流域重点河段防洪形势分析、洪水灾害损失等超标准洪水演变全过程进行展示应用。

明确了流域超标准洪水时空态势图谱是"图—数—模"有序组合,确定了时空态势图谱的构建过程及关键因子,阐明了洪水时空态势图谱构建技术的理论基础、洪水时空态势图谱特征及类型,从图谱信息维度分析、图谱数据库设计、流域自然景观图谱、水利对象分类等方面阐述了流域洪水时空态势图谱构建基本思路。

研究了洪水态势图谱可视化展示方法,将传统地图可视化技术与动态地图技术、三维仿真技术、大数据可视化技术等相结合,将地图引擎、虚幻引擎与大数据可视化引擎、图表引擎等结合,通过使用三维模型、颜色、透明度、夸张比、动态文字、图表、三维动画等方式对洪水演进态势进行增强表达。

针对洪水演进模拟过程存在空间场景大、时间密度高、数据查询展示效率要求高的特点,设计了时空栅格结合面向对象的时空数据模型,作为洪水演进时空态势数据组织方式。

结合 2020 年长江流域洪水推演成果从宏观、中观、微观 3 个尺度方面,提出了洪水态势展示思路。在宏观尺度下,将专业模型计算得出的洪水流量、达到时间等抽象指标转换为动态的洪水汇集过程。在中观尺度下,直观呈现重要干支流区间和重点防洪区域的洪水演化规律和风险,通过风险影响区域计算和动态分级设色呈现洪水影响范围和风险等级。在微观尺度下,直观呈现重点防洪对象的行洪过程,对重点防洪对象发生调度后的形势,通过高精度倾斜摄影、三维地形、三维模型与三维动态水面叠加直观呈现淹没影响,通过多时相高精度影像卷帘对比分析,快速识别洪水造成的影响。

8.2 结语

1)后续将进一步加强示范应用,编写超标准洪水监测技术指南,包括天空地协同灾害监测、洪水灾害动态监测信息提取技术方法及洪灾淹没影响分析技术一套完整、闭环的流域超标准洪水灾害动态监测技术方法体系。

2)进一步完善全过程、可量化的超标准洪水灾害评估指标体系;在现有局部、区域、流域尺度灾害评估方法的基础上,根据评估目的、评估所处时期以及基础资料可获取性等要求,继续深入开展不同精细尺度的评估方法研究,更全面、更精准地为超标准洪水防御提供技术支撑和信息参考。

3)目前,水动力模型计算还没有完全满足智慧防汛实时预演的要求及计算需求,需要建立完全基于 GPU 加速的水力学模型,构建超级平行加速计算环境,为大规模超标准洪水计算提供技术支撑。

4)超标准洪水灾害实时动态定量评估模型目前仅在几个典型示范流域进行了应用,下一步计划拓展到更多不同尺度的流域进行验证与完善。此外,目前主要是针对经济损失进行评估,下一步计划针对非经济损失评估方法进行研究,并进行评估应用。

参考文献

[1] 王伶俐,陈德清.2013年黑龙江大洪水遥感监测分析[J].水文,2014,34(5):6.

[2] 吴玮.高分四号卫星在溃决型洪水灾害监测评估中的应用[J].航天器工程,2019,28(2):134-140.

[3] 赵阳,程先富.洪水灾害遥感监测研究综述[J].四川环境,2012,31(4):106-109.

[4] Martinis S,Twele A,Strobl C,et al.A multi-scale flood monitoring system based on fully automatic MODIS and Terra SAR-X processing chains[J].Remote Sensing,2013,5(11):5598-5619.

[5] Refice A,Capolongo D,Pasquariello G,et al.SAR and InSAR for flood monitoring:Examples with COSMO-SkyMed data[J].IEEE Journal of Selected Topics in Applied Earth Observations and Remote Sensing,2014,7(7):2711-2722.

[6] 唐雅玲.无人机倾斜摄影在城市雨洪风险评估中的应用研究[D].武汉:武汉大学,2018.

[7] 刘对萍,潘艳宾.无人机倾斜摄影在泥石流灾害调查中的应用[J].西部大开发(土地开发工程研究),2016(6):6-10.

[8] Abdelkader M,Shaqura M,Ghommem M,et al.Optimal multi-agent path planning for fast inverse modeling in UAV-based flood sensing applications[C]//International Conference on Unmanned Aircraft Systems.IEEE,2014.

[9] 周魁一.防洪减灾观念的理论进展——灾害双重属性概念及其科学哲学基础[J].自然灾害学报,2004(1):1-8.

[10] 史培军.再论灾害研究的理论与实践[J].自然灾害学报,1996(4):8-19.

[11] 屈艳萍,高辉,吕娟,等.基于区域灾害系统论的中国农业旱灾风险评估[J].水利学报,2015,46(8):908-917.

[12] 俞茜,李娜,王艳艳.基于韧性理念的洪水管理研究进展[J].中国防汛抗旱,2021,31(8):19-25.

[13] Liao K H.A theory on urban resilience to floods:A basis for alternative planning practices[J].Ecology & Society,2012,17(4):388-395.

[14] Burton I,Kates R W,White G F.The Environment as Hazard[M].Oxford:Oxford Univ.Press,1978.

[15] 蒋卫国,李京,陈云浩,等.区域洪水灾害风险评估体系(I)——原理与方法[J].自然灾害学报,2008(6):53-59.

[16] Bruneau M,Chang S E,Eguchi R T,et al. A framework to quantitatively assess and enhance the science the seismic resilience of communities [J]. Earthquake Spectra, 2003,19(4): 733-752.

[17] 李亚,翟国方.我国城市灾害韧性评估及其提升策略研究[J].规划师,2017,33(8): 5-11.

[18] Jha A K,Miner T W,Stanton-Geddes Z. Building urban resilience: principles,tools, and practice [M]. Washington D C: World Bank,2013.

[19] Leandro J,Chen K F,Wood R R,et al. A scalable flood-resilience-index for measuring climate change adaptation: Munich city [J]. Water Research,2020,173:115502-.

[20] UNDRR. Making cities resilient report 2019: A snapshot of how local governments progress in reducing disaster risks in alignment with the Sendai framework for disaster risk reduction [R]. UNDRR,2019.

[21] 杨锋. ISO 37123《城市可持续发展 韧性城市指标》解读[J].标准科学,2019(8):11-16.

[22] Cutter S L, Barnes L, Berry M,et al. A Place-based Model for Understanding Community Resilience to Natural Disasters [J]. Global Environmental Change,2008 (10): 598-606.

[23] Kong J,Simonovic S P,Zhang C. Resilience assessment of interdependent infrastructure systems: a case study based on different response strategies[J]. Sustainability,2019,11.

[24] Batica J,Gourbesville P. Flood resilience index-methodology and application[C]// 11th International Conference on Hydroinformatics HIC 2014. 2014.

[25] 王琳,朱一荣,王睿.滨海城市水灾害韧性评价与规划策略[C]//共享与品质——2018中国城市规划年会论文集. 2018.

[26] 胡四一,谭维炎.一维不恒定明流计算的三种高性能差分格式[J].水科学进展,1991,2(1):11-21.

[27] 张大伟,权锦,等.应用Godunov格式模拟复杂河网明渠水流运动[J].应用基础与工程科学学报,1991,23(6):1088-1096.

[28] Godunov S K. Finite difference method for the computation of discontinuous solutions of the equations of fluid dynamics[J]. Math. Sbornik,1959,47:271-306.

[29] Harten A. High resolution schemes for hyperbolic systems of conservation laws[J]. Journal of Computational Physics,1983a,49:357-393.

[30] Harten A,Lax P D,Van Leer B. On upstream differencing and Godunov-Type schemes for hyperbolic conservation laws[J]. SIAM Review,1983b,25(1):35-61.

[31] Harten A,Engquist B,Osher S,et al. Some results on uniformly high order accurate

essentially non-oscillatory schemes[J]. Applied Numerical Mathematics，1986，2：347-377.

[32] Liu X D，Osher S，Chan T. Weighted essentially nonoscillatory schemes[J]. J. Comput Phys，1994，115：200-212.

[33] Osher S，Solomon F. Upwind difference schemes for hyperbolic conservation laws [J]，Math. Comp. ，1982，158：339-374.

[34] Roe P L. Approximate Riemann solvers，Parameter Vectors，and Difference schemes [J]. J. Comput. Phys. ，1981，43：357-372.

[35] Brufau P，Garcia-Navarro P. Unsteady free surface flow simulation over complex topography with a multidimensional upwind technique[J]. Journal of Computational Physics，2003，186：503-526.

[36] Liao C B，Wu M S，Liang S J. Numerical simulation of a dam break for an actual river terrain environment[J]. Hydrological processes，2007，21：447-460.

[37] 王志力，耿艳芬，金生. 具有复杂计算域和地形的二维浅水流动数值模拟[J]. 水利学报，2005a，36(4)：439-444.

[38] 张大伟，张超，王兴奎. 具有实际地形的溃堤水流数值模拟[J]. 清华大学学报(自然科学版)，2007，47(12)：2127-2130.

[39] 邢领航，华祖林，褚克坚，等. 非结构网格下两步压力校正算法的潮流模拟[J]. 河海大学学报：自然科学版，2007，35(5)：505-509.

[40] 陈秀万. 洪水灾害损失评估系统——遥感与 GIS 技术应用研究[M]. 北京：中国水利水电出版社，1999.

[41] 胡坚. 蓄滞洪区运用损失快速评估与补偿研究[D]. 南京：河海大学，2005.

[42] 陈静. 鄱阳湖区洪水灾害损失快速评估[D]. 南昌：南昌大学，2006.

[43] Jonge T. D. Modeling flood and damage assessment using GIS[J]. Application of Geographic Information system in Hydrology and water resources management，1996(235)：299-306.

[44] Sirikantha Hearth，Dushmanta Dutta. Flood Innundation Modeling and Loss Estimatior Using Distributed Hydrologic Model，GIS And RS[A]. Proceeding of International Workshop on The Utilization of Remote Sensing Techonology to Nutural Disaster Reduction，1998，Tsukuba，Japan：239-250.

[45] Profei，G and H. Macintosh. Flood Management Throuth Landsat TM and ERS SAR data[J]. Hudrological Process，1997(11)：1397-1408

[46] 文康，金管生. 洪灾损失的调查评估[N]. 黄河水利委员会，1997(5)：13-16.

[47] 陆孝平，王宁. 水旱灾害灾情评估方法的研究[J]. 浙江水利科技，2001(6)：66-72.

[48] 刘冬青，刘玉年，李纪人. GIS 在水文水资源管理中的应用[M]. 南京：河海大学出版社，1990.

[49] 冯平,崔广涛,钟昀.城市洪水灾害直接经济损失的评估与预测[J].水利学报,2000
(3):56-61.

[50] 王春周,寅康许,许有鹏.太湖流域洪水灾害损失模拟与预测研究[J].自然灾难学报,
2000(2):45-51.

[51] 程涛,吕娟.区域洪灾直接经济损失及时评估模型实现[J].水进展研究,2002(12):
40-43.

[52] 张立忠,陈学广,吕娟.区域洪灾害损失及时评估模型研究[J].河北水利水电技术,
2002(4):43-44.

[53] 徐美,黄诗峰,李纪人.RS 与 GIS 支持下的 2003 年淮河流域洪水灾害快速监测与评估
[J].水利水电技术,2004(5):83-86.

[54] 池天河,张新,韩承德.基于并行计算的洪水灾害快速评估系统研究[J].人民长江,
2004(5):21-23.

[55] 黄涛珍,王晓东.神经网络在洪涝灾损失快速评估中的应用[J].河海大学学报,2003
(4):457-460.

[56] 魏一鸣,张林鹏,等.洪水灾害风险管理理论[M].北京:科学出版社,2002.

[57] 陈铭,朱东凯,施国庆.蓄滞洪区行蓄洪损失快速评估方法研究[J].东北水利水电.
2004(9):1-3.

[58] 杨思全.基于模式识别理论的灾害损失等级划分[J].自然灾害学报,1999(8):56-60.

[59] 周激流,丁晶,金菊良.一种遗传算法在水稻洪灾易损性分析建模中的应用[J].四川大
学学报,2001(2):12-16.

[60] 金菊良.基于遗传算法的洪水灾情评估神经网络模型探讨[J].灾害学,1998(13):
6-11.

[61] 项捷,许有鹏,杨洁,等.城镇化背景下中小流域洪水风险研究——以厦门市东西溪流
域为例[J].水土保持通报,2016,36(2):283-287.

[62] 苏布达,姜彤,郭业友,等.基于 GIS 栅格数据的洪水风险动态模拟模型及其应用[J].
河海大学学报(自然科学版),2005(4):370-374.

[63] 孙阿丽,石纯,石勇.基于情景模拟的暴雨内涝危险性评价——以黄浦区为例[J].地理
科学,2010,30(3):465-468.

[64] 张正涛,高超,刘青,等.不同重现期下淮河流域暴雨洪水灾害风险评价[J].地理研究,
2014,33(7):1361-1372.

[65] 苏伯尼,黄弘,张楠.基于情景模拟的城市内涝动态风险评估方法[J].清华大学学报
(自然科学版),2015,55(6):684-690.

[66] 耿敬,张洋,李明伟,等.洪水数值模拟的三维动态可视化方法[J].哈尔滨工程大学学
报,2018,39(7):1179-1185.

[67] 张彪,程光,等.洪水淹没模拟三维可视化技术研究[C]//2014 计算机科学与工程学院

学术论坛.

[68] 潘立武.基于地理信息系统技术的溃坝洪水三维可视化研究[J].北京联合大学学报 2013,27(4):19-23.

[69] 葛小平,许有鹏,张琪,等.GIS支持下的洪水淹没范围模拟[J].水科学进展,2002,13 (4):456-460.

[70] 李云,范子武,吴时强,等.大型行蓄洪区洪水演进数值模拟与三维可视化技术[J].水 利学报,2005,36(10):1158-1164.

[71] 丁志雄,李纪人,李琳.基于GIS格网模型的洪水淹没分析方法[J].水利学报,2004 (6):56-60,67.

[72] 韦春夏.基于ArcGIS和SketchUp的三维GIS及其在洪水演进可视化中的应用研究[D]. 武汉:华中科技大学,2011.

[73] 汤中倩.基于GIS的洪水仿真及洪水要素可视化[D].武汉:华中科技大学,2013.

[74] Pakes U,van der Veen R,Zeeman M,et al. The use of GIS for one-dimensional modelling of large Dutch rivers [C]//Proceedings,17th Annual ESRI User Conference. 1997.

[75] Hydrologic Engineering Center. HEC-RAS River Analysis System User's Manual Version 4. 1[Z]. Davis,CA:US Army Corps of Engineers Institute for Water Resource,2010.

[76] Lodhim S,Agrawaldk. Dam-break flood simulation under various likely scenarios and mapping using GIS:case of a proposed dam on River Yamuna,India[J]. Journal of mountain science,2012,9(2):214-220.

[77] Patros,Chatterjee C,Mohantys,et al. Flood inundation modeling using MIKE FLOOD and remote sensing data[J]. Journal of the Indian SOCIETY of REMOTE sensing,2009,37(1):107-118.

[78] 周成虎.洪水灾情评估信息系统研究[J].地理学报,1993,48(1):8.

[79] Fraccarollo L,Toro E F. Experimental and numerical assessment of the shallow water model for two-dimensional dam-break type problem[J]. Journal of Hydraulic Research, 1995,33(6):843-864.

[80] Tseng M H,Chu C R. The simulation of dam-break flows by an improved predictor-corrector TVD schemes[J]. Advances in Water Resources,2000b,23:637-643.

[81] 张志彤.实施洪水风险管理是防洪的关键[J].中国防汛抗旱,2019,29(2):1-2.

[82] Parry M L,Canziani O,Palutikof J P,et al. IPCC,2007:Climate change 2007: impacts,adaptation and vulnerability[M]. Contribution of Working Group II to the Fourth Assessment Report of the Intergovernmental Panel on Climate Change, Cambridge University Press,Cambridge,UK,976.

［83］ 刘昌明,张永勇,王中根,等. 维护良性水循环的城镇化 LID 模式:海绵城市规划方法与技术初步探讨[J]. 自然资源学报,2016,31(5):719-731.

［84］ 程晓陶,吴浩云. 洪水风险情景分析方法与实践——以太湖流域为例[M]. 北京:中国水利水电出版社,2019.

［85］ Hallegatte,S. An adaptive regional input-output model and its application to the assessment of the economic cost of Katrina[J]. Risk Analysis,2008,28(3):779-799.

［86］ Hallegatte S,Hourcade J C,Dumas P. Why economic dynamics matter in assessing climate change damages:illustration on extreme events[J]. Ecol Econ,2007,62(2):330-340.

［87］ Rose A. Economic Principles,Issues,and Research Priorities in Natural Hazard Loss Estimation,in: Modeling the Spatial Economic Impacts of Natural Hazards[M]. Springer,Heidelberg,13-36,2004.

［88］ Penning Rowsell E C,Johnson C,Tunstall SM,et al. The benefits of flood and coastal risk management: a manual of assessment techniques[M]. London:Middlesex University Press,2005.

［89］ Pfurtscheller C,Schwarze R. Kosten des Katastrophenschutzes,in: Hochwasserschäden-Erfassung,Abschätzungund Vermeidung,edited by: Thieken A,Seifert I,und Merz B,oekom Verlag München,253-262,2010.

［90］ Jonkman S. N. Loss of life caused by floods: an overview of mortality statistics for worldwide floods. 2003. Available: http://www. library. tudelft. nl/delftcluster/theme_risk. html Accessed:16/11/05.

［91］ Jonkman S N. Loss of life estimation in flood risk assessment: theory and applications[D]. PhD dissertation,Delft Cluster,Delft Netherlands. 2007.

［92］ Hr Wallingford . Guidance Document. R&D Outputs: Flood Risks to People,Phase 2. FD2321/TR2 Defra/Environment Agency Flood and Coastal Defence R&D Programme. (2005b).

［93］ Hr Wallingford（2003）. Flood Risks to People Phase 1. Final Report Prepared for Defra/Environment Agency Flood and Coastal Defence R&D Programme.

［94］ HR WALLINGFORD. The Flood Risk to People Methodology. Flood Risks to People,Phase 2 R&D Output FD2321/TR1. Defra/ Environment Agency Flood and Coastal Defence R&D Programme. (2005a).

［95］ Sally Priest,Sue Tapsell. Building models to estimate loss of life for flood events-executive summary[R]. FLOODsite research report,2009. 3.

［96］ 俞茜,李娜,王艳艳,等. 洪水污染的生态环境影响评估体系构建与研究[J]. 中国水利水电科学研究院学报,2019,17(4):293-298.

［97］ 王志力. 基于 Godunov 和 Semi-Lagrangian 法的二、三维浅水方程的非结构化网格离散研究［D］. 大连：大连理工大学，2005.

［98］ 张大伟，李丹勋，王兴奎. 基于非结构网格的溃坝水流干湿变化过程数值模拟［J］. 水力发电学报，2008，27（5）：97-102.

［99］ Fraccarollo L，Toro E F. Experimental and numerical assessment of the shallow water model for two-dimensional dam-break type problem［J］. Journal of Hydraulic Research，1995，33（6）：843-864.

［100］ Tseng M H，Chu C R. The simulation of dam-break flows by an improved predictor-corrector TVD schemes［J］. Advances in Water Resources，2000b，23：637-643.